让知识成为每个人的力量

# 相对论
# 究竟是什么

## RELATIVITY
## FOR GENERALISTS

万维钢/著

新 星 出 版 社　NEW STAR PRESS

上帝是不可捉摸的，但并无恶意。

——阿尔伯特·爱因斯坦

# 总序　写给天下通才

感谢你拿起这本书，我希望你是一个通才。我对你有一个特别大的设想。

我设想，如果你不满足于仅仅靠某一项专业技能谋生，不想做个"工具人"；如果你想做一个对自己的命运有掌控力的、自由的人，一个博弈者，一个决策者；如果你想要对世界负点责任，要做一个给自己和别人拿主意的"士"，我希望能帮助你。

怎么成为这样的人？一般的建议是读古代经典。古代经典的本质是写给贵族的书，像中国的"六艺"、古罗马的"七艺"，说的都是自由技艺，都是塑造完整的人，不像现在标准化的教育都是为了训练"有用的人才"。经典是应该读，但是那远远不够。

今天的世界比经典时代要复杂得多，今天学者们的思想比古代经典要先进得多。现在我们有很成熟的信息和决策分析方法，古人连概率都不懂。博弈论都已经如此发达了，你不能还捧着一本《孙子兵法》就以为可以横扫一切权谋。我主张你读新书，学新思想。经典最厉害的时代，是它们还是新书的时代。

就现在我所知道的而言，我认为你至少应该拥有如下这些见识——

对我们这个世界的基本认识，科学家对宇宙和大自然的最新理解；

对"人"的基本认识，科学使用大脑，控制情绪；

社会是怎么运行的，个人与个人、利益集团与利益集团之间如何互动；

能理解复杂事物，而不仅仅是执行算法和走流程；

一定的抽象思维和逻辑运算能力；

掌握多个思维模型，遇到新旧难题都有办法；

一套高级的价值观……

等等等。你需要成为一个通才。普通人才不需要了解这些，埋头把自己的工作做好就行，但是你不想当普通人才。君子不器，劳心者治人，君子之道鲜矣，你得把头脑变复杂，你得什么都懂才好。你不能指望读一两本书就变成通才，你得读很多书，做很多事，有很多领悟才行。

我能帮助你的，是这一套小书。我是一个科学作家，在得到 App 写一个叫做《精英日课》的专栏，我们专栏专门追踪新思想。有时候我随时看到有意思的新书、有意思的思想就写几期课程，有时候我做大量调研，写成一个专题。这套书脱胎于专栏，内容经过了超过十万读者的淬炼，书中还有读者和我的问答互动。

我们打算每搞好一个专题就出一本，现在出的有"相对论""博弈论"和"学习的新科学"三本。接下来还会有"概率论""量子力学""科学方法""数学思维"等等，都在研发之中。

通才并不是对什么东西都略知一二的人，不是只知道各个门派的趣闻轶事的人，而是能综合运用各个门派的武功心法的人。这些书并不是某个学科知识的"简易读本"，我的目的不是让你简单知道，而是让你领会其中的门道。当然你作为非专业人士不可能去求解爱因斯坦引力场方程，但是你至少能领略到相对论的纯正的美，而不是卡通化、儿童化的东西。

这些书不是长篇小说，但我仍然希望你能因

为体会到其中某个思想、跟某一位英雄人物共鸣，而产生惊心动魄的感觉。

　　我们幸运地生活在科技和思想高度发达的现代世界，能轻易接触到第一流的智慧，我们拥有比古人好得多的学习条件。这一代的中国人应该出很多了不起的人物才对，如果你是其中一员，那是我最大的荣幸。

万维钢

2020 年 5 月 7 日

# 目录 CONTENTS

# 一个简单的信念

　　相对论对绝大多数人来说是个神秘的理论。你肯定已经听说过有关相对论的一些有趣的和怪异的结论，比如一个物体在高速运动的时候，它的长度会变短，它的时间会变慢。

　　我们假设有一个距离地球 40 光年远的星球，光需要走 40 年才能到达那里。那么如果你以 80% 的光速前往那个星球，你得飞行 50 年才能到达目的地，对吧？在留在地球的我们看来的确是这样。如果你出发的时候是 20 岁，到达的时候应该是 70 岁吗？

不是。根据相对论效应，高速运动的物体的时间会变慢。寻常的 50 年对你来说只有 30 年，你到达的时候，只有 50 岁！而你要是能以 99.5% 的光速飞行，你的时间将会比我们慢 10 倍！

这也就是说相对论效应可以让人穿越到未来。这不是科幻，这还仅仅是开胃菜……相对论，本质上是关于时空的理论——时空跟我们寻常想象的完全不同。正是因为有了相对论，我们才知道有黑洞这种东西，我们才知道空间居然会膨胀，我们才知道宇宙有个起源。

而相对论是一个出了名的难懂的理论。据说爱因斯坦刚刚发表狭义相对论的时候，只有少数物理学家能理解。等到相对论已经被物理学家广泛接受、爱因斯坦暴得大名时，公众又理解不了。我记得欧洲当时还出了一本叫做《一百个反对爱因斯坦的作家》的书——而爱因斯坦对此的回答是"如果相对论真的错了，有一个人反对就够了"。

那相对论真的这么难吗？要知道爱因斯坦发表狭义相对论是在 1905 年，距离今天已经 100 多年了，我们没有理由不能理解一个清朝末年就出来了的理论！

所以我想在本书中给你彻底讲明白相对论。相对论的数学很简单，但我们重点还是说它的思想。

相对论会对你的世界观产生重大影响。作为一个现代人，如果不理解爱因斯坦相对论，就错过了这个世界最精彩的东西。一旦理解了相对论，你就不再是以前的你，你就再也回不去了。但是只知道一些奇妙的结论可不算理解。

我有一个好消息。相对论是简单的。这是一个干净利落的漂亮理论。

但简单不等于容易。简单的东西可以非常深刻。

# ① 一个信念

我们先来开启一个思想实验。假设你在一艘豪华游轮上旅行，这艘游轮在海上开的速度很快，但是它非常平稳，没有任何颠簸。游轮上有个全封闭的大厅，里面有游泳池有球场，你甚至还可以在里面做物理实验。

那请问，在不和外界发生任何联系的情况下，你能判断出这艘游轮是在前进还是静止不动吗？

你可以在游轮上做各种实验进行判断。比如在陆地上把球抛到空中，在静止的情况下，球会落回你的手中，可是在封闭游轮中也是这样。你向游轮前进的方向射门，同在游轮上的守门员只会感到你射门的寻常速度，而不需要考虑游轮的速度。

只要游轮的速度平稳不发生变化，你就无法判断它是运动的还是静止的。其实我们生活的地球就相当于这样一艘游轮。地球绕太阳公转的速度约为每秒 29.8 公里，比飞机快得多，但因为地球走的几乎是一条直线，我们完全感觉不到它正在高速前进。

这个道理，最早是"现代物理学之父"伽利略想明白的。这相当于你在速度是每小时 50 公里的游轮上建立一个坐标系研究物理学，我在地面建立一个坐标系，我们其实是对等的。你相对于游轮是静止的，相对于我是运动的。你向前射出一支箭，假设箭相对于你的速度是每小时 360 公里，那相对于我就是：360km/h+50km/h=410km/h。

不跳出自己的坐标系向外看，你单凭做一个射箭、抛小球之类的实验无法区分运动和静止。匀速直线运动和静止没有本质区别，速度都是相对的。

这其实就是相对论，这就叫"伽利略的相对论"。图 1 是伽利略的肖像。

**图 1**

后面我们讲广义相对论的时候你还会知道，其实不一定是匀速直线运动，加速运动跟静止也没有本质区别……

总而言之，物理学家看破了运动。在物理学家的眼中，运动和静止其实是一回事儿。

## ❷ 看破世间繁华

我学物理的一个感受是，物理学观察世界有点像那些传说中的得道高人。普通人说这个好、那个不好，而高人会说它们其实是一回事儿。爱拼搏就好吗？淡泊名利就坏吗？你看破了就会认为没有绝对的好与坏，得看是相对于什么而言。物理学，有点看破红尘的意思。

以前人们眼中非常不一样的两个东西，物理学家发现它们其实是一回事儿，这是物理学统一世界的一个主旋律。

古人认为大地静止不动，日月星辰都绕着地球做完美的圆周运动。天和地，截然不同。可是后来天文学家通过精细的观测发现，不对，天体运行的轨迹并没有那么完美，它很复杂。

哥白尼就提出，如果把太阳当做是静止不动的，想象地球和其他行星都在绕着太阳做圆周运动的话，就容易解释以前解释不了的一些轨道。地球，不是宇宙的中心。这就是日心说。

　　日心说就有点看破红尘的意味。哥白尼等于是说地球和天上的那些天体没有本质的区别，天和地是一回事儿。

　　天主教会无法接受这个学说，而物理学的思想解放才刚刚开始。那时人们认为行星都是做圆周运动，而且是有一些小精灵在推着行星运动……之后，天文学家开普勒提出行星绕着太阳转的轨道并不是完美的圆形，而是一个椭圆。开普勒甚至已经提出行星不需要精灵推着走，只要太阳给行星一个吸引力就行。开普勒，把行星看破了。

　　等到牛顿一出手，就把引力也看破了。牛顿指出不但太阳和地球之间有引力，地球上的所有有重量的物体之间也都有引力。引力普遍存在，天上和地上真的是一回事儿。

　　这几次"看破"之后，再结合数学方程和天文观测，物理学就成了一个非常成功的理论。我们看看"牛顿三大定律"中的前两个——

　　第一定律是在没有外力作用的情况下，任何一个物体将会保持匀速直线运动或者静止。匀速直线运动和静止一样，无须外力，无须解释。

第二定律是力会改变物体的运动方式。注意这里有个关键点，力不是运动的原因——没有力，物体本来也在进行匀速直线运动。力，是改变运动的原因。如果是一个理想的光滑平面，一个滚动的乒乓球会在上面一直前进——生活中的乒乓球之所以会停下来，是因为平面给它提供了摩擦力。一直动不停，无须解释；动着动着停下了，才需要有个原因。

这两个定律都离不开伽利略的相对论。力只能带来加速度，单纯的速度与力无关。匀速直线运动和静止都没有力的作用，所以物理定律在游轮和地面是一样的。

其实你不做实验也能想明白，单纯谈速度真没有什么意义。宇宙中你来我往，可能距离地球很遥远的一个星球，跟我们之间就有个特别高的相对速度。但那个天体上的物理定律和我们这里也没有什么不一样。在那里的外星人看来，他们是静止的，我们才是在高速运动。

所以相对论是物理学家的一个信念。这个信念也可以叫"不特殊论"：不管你的速度有多快，你的坐标系都不特殊。

这个信念实在太简单也太完美了。完美到简直是宁可海枯石烂，宁可扭转时空，物理学家也不应该放弃它……

## ❸ "相对论与哲学家"

爱因斯坦的相对论其实是伽利略相对论的延伸。伽利略相对论是，如果你不向自己的坐标系之外看，你做任何抛小球之类的力学实验都无法判断自己是运动的还是静止的——而爱因斯坦相对论则是，不用限制于力学，你不管做什么实验都无法判断自己是运动还是静止的。

这样看来相对论不是很容易吗？这简直就是一个简单的哲学道理！

还真是这样。哲学家很喜欢谈论相对论。但是物理学家对哲学家有时是嘲讽的态度。有一套特别厉害的物理学教材叫《费曼物理学讲义》，大概是有史以来最有趣的物理学家理查德·费曼

（Richard Feynman）在加州理工学院给本科生讲课的记录。费曼在这个讲义里专门设置了一个小节——"相对论与哲学家"。

费曼说，有些哲学家把相对论想得特别容易。哲学家听说了相对论的这个信念，就觉得这对我们哲学家来说不是明摆着的原理吗？不跳出自己的坐标系你当然不知道自己是运动还是静止！物理学家折腾半天，得出的还不是我们哲学家早就想明白的道理？

是吗？相对论如此平凡吗？哲学家坐在家里喝着茶就能想出来吗？不是。牛顿以后的物理学之所以不叫哲学了，就是因为物理学不是坐在家里就能想出来的学问，物理学家靠的是数学、实验和观测。

接下来我们要介绍的事实，足以让费曼嘲笑那些哲学家。因为它足以让所有人——包括你、哲学家和物理学家——目瞪口呆。

这件事就是光速在所有坐标系下都是一样的。

我们再回到游轮的例子。假设站在游轮上的你不是向游轮前方射出一支箭，而是用手电筒打出一束光，相对于你来说，光速是每秒 30 万公里。

既然你跟站在地面上的我的相对速度是每小时 360 公里——也就是每秒 0.1 公里，根据伽利略的算法，我眼中这束光的速度就应该是每秒 300000.1 公里，对吧？

物理学家发现，不是这样的。不管你我的相对速度有多快，我测量和你测量这束光的速度**都是每秒 30 万公里**！

可这怎么可能呢？我们这个世界怎么会是这样的呢？

这件事，哲学家坐在家里喝多少茶都发现不了。你之所以觉得它怪异，只不过是因为你生活的范围实在太小了，你的见识太有限了。

有些信念可以坚持，但是别忘了，有些常识是错的。

問答

**Stone:**

我有个很矛盾的推论：电磁现象发现之前，一些由电磁产生的神奇现象超出了当时人们的理解范畴，他们只能用宗教和迷信来解释。其实如果把现在的手机通信、GPS定位、视频通话等拿到牛顿那个时候，他们也是无法理解的，也许也会被划分到宗教或者迷信这个类别里。那么我们现在无法认知的部分现象（宗教和迷信），是不是在未来的某个时间也有可能被发现或解释，比如时空穿梭，起死回生，四维、五维、多维空间等，那么宗教和迷信是不是可以称作"还未被发现和解释的物理现象呢"？

**万维钢:**

我认为不是这样。宗教和迷信，并不是人们用来解释未知现象的，而是用来解释"不可控"的现象的。

指南针永远指向南方、磁石可以吸铁、摩擦能够生电，这些电磁现象，据我所知，并没有被古人用宗教迷信来解释。古人没有说有一个什么神在让磁石吸铁。古人把这些现象当做日常世界的一个性质，默默地接受了。而且古人还利用这些性质去做事。古人认为这些寻常的事情代表世界本来就是这样，无须解释。

那为什么有些古人认为闪电是天神的动作呢？我以为，根本原因在于，磁石具有的是稳定的性质，而闪电却是随机的现象，是不可控的。

一个人从高处掉下来会摔死，虽然古人不知道"万有引力"，但也不会感到奇怪。可是一个人如果是被雷电劈死的，古人就会感到很奇怪：他在死之前的活动好像都很正常啊，可为什么不劈别人非得劈他呢？

我认为迷信的根本原因在于人无法接受随机事件，人不接受"无缘无故"这个解释——

如果找不到缘故，那就一定是鬼神的缘故。

那如此说来，所谓穿越时空、多维空间之类的事儿，只能叫科学假设或者科学幻想，不能叫宗教迷信。事实上只有科学青年对这些话题感兴趣，迷信的人更在意幸运之神能不能保佑他发财。

谣言不是遥遥领先的预言，迷信不是对科学之谜的提前相信。科学家、科幻作家和宗教人士观察世界的视角完全不同，不值得互相借鉴。

# 英雄与危机

　　物理学这个学科的一个特点是有太多的英雄人物。如果你不理解他们都干了什么，对物理学家保持不明觉厉、敬而远之的态度，你完全可以踏踏实实地过好这一生。可是一旦你真正理解了这些英雄做的事，可能就再也不愿意老老实实地享受岁月静好了。你可能会"一见杨过误终生"。

　　在介绍爱因斯坦的丰功伟业之前，我们先说另外一位英雄，英国物理学家詹姆斯·克拉克·麦克斯韦（James Clerk Maxwell）。麦克斯韦统一了电磁学，这个工作有多了不起呢？费曼是这么说的——

从人类历史的长远观点来看……几乎无疑的是，麦克斯韦发现电动力学定律将被判定为 19 世纪最重要的事件。与这一重要科学事件相比，发生于同一个 10 年中的美国内战，将褪色而成为只有区域性的意义。

麦克斯韦的这个成就具有划时代的意义。我将它写下来告诉你，都感觉与有荣焉。

这件事直接导致了爱因斯坦相对论的创立。整个过程好像是一场奇幻电影。一开始大家本来过着寻常的日子，突然就有人弄出一个大事件。因为这个大事件，人们意识到这个世界有点不太对。主人公抓住这一点点不对，仔细追究下去，打开了一扇大门。这扇大门一打开，寻常的日子就不存在了，从此进入奇幻世界，奇幻的事情接连不断地发生……

我们先从寻常的物理现象说起。

# ① 一点电磁学

我们在生活中能接触到的物理现象其实只有几种。搬运东西、测量物体运动的速度，是力学；能看到周围的事物、欣赏各种颜色，是光学；平时用到的一切家用电器，几乎都来自电磁学。

电磁学其实并不神秘。

电就是电荷之间的相互作用。电子带负电，离子带正电，电子跟离子之间就有一个吸引力，而两个电子或者两个离子之间就有一个排斥力，也就是同性相斥，异性相吸。

磁来源于电，电荷的运动产生磁。一段导体中有电流，它周围就会有磁性。我们平时看到的磁铁，也无非就是其中原子排列得很整齐，每个原子周围电子的运动带来的磁力。

而如果用物理学家的眼光理解电磁现象，就必须掌握一个叫做"场"的概念。

两个电荷之间发生吸引，请问它们是怎么感觉到这个吸引力的呢？难道一个电荷隔空就能感到另一个电荷的存在吗？这里可没有什么"超距作用"。每个电荷都会在自己的周围形成一个"电场"，另一个电荷不是跟这个电荷直接发生相互作用，而是跟这个电荷的电场发生相互作用。（如图2）

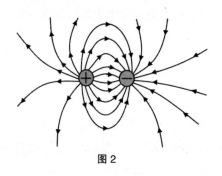

图2

图中那些带箭头的曲线就是电场的形状和走向。类似的，磁力，其实也是以"磁场"的形式存在于周围空间。（如图3）

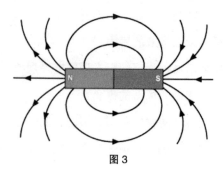

图3

确切地说，是所有的电场和磁场重叠在一起，形成一个总的电磁场，各个带电物质会根据自己所在位置的电磁场决定自己怎么运动。

电磁场可不是物理学家的想象，而是客观存在、完全可以用仪器探测出来的。爱因斯坦曾经有一句话："场，就好像我坐的这把椅子一样真实。"现在有些神神道道的人说气功高手能体察到"能量场"、名人的周围有"气场"，那些"场"就不是客观存在的了。

## ② 麦克斯韦的壮举

麦克斯韦之前的物理学家已经对电磁现象做过各种研究。特别是法拉第（Faraday），他在实验室发现，变化的磁场能够带来一个电流，也就是说"磁能生电"。这些电磁现象都很有意思，完全可以被编写成一本书，列举科学家已有的电磁学知识——但是这些知识有些杂乱无章，就好像一本写满了各地风土人情的菜谱。

麦克斯韦做的事情，有点像是一位好学的武林高手，博采众家之长，融会贯通之后，创立了自己的武学。麦克斯韦创立的这门学问不但一统江湖，而且推演出了一些前人根本没想到过的新物理来。

1860 年代初期，麦克斯韦提出一组总共四个方程，来描写所有的电磁现象。这就是著名的麦克斯韦方程组，它们写出来非常漂亮——

$$\nabla \cdot \vec{E} = \frac{\rho}{\varepsilon_0}$$

$$\nabla \cdot \vec{B} = 0$$

$$\nabla \times \vec{E} = -\frac{\partial \vec{B}}{\partial t}$$

$$\nabla \times \vec{B} = \mu_0 \vec{J} + \frac{1}{c^2}\frac{\partial \vec{E}}{\partial t}$$

前三个方程分别表示：（1）电荷产生电场；（2）没有磁荷；（3）变化的磁场也能产生电场。第（4）个方程右侧第一项说的是电流产生磁场，所有这些都是当时已知的物理知识。

我们重点看看它的第二项，这一项是麦克斯韦的独特发现。一方面，麦克斯韦考虑到电和磁之间应该有一个对偶的关系——既然法拉第的实验证明变化的磁场能产生电场，变化的电场是不是也能产生磁场呢？另一方面，这一项也是让方程组在数学上自洽、让电荷数守恒的要求。这一项，就是意味着变化的电场也能产生磁场。

后来人们用实验证明麦克斯韦是正确的。但是在当时，麦克斯韦这个发现纯粹是理论推导出来的！这就好比一个侦探，听取了各方的信息之后突然推断出了一个人们意想不到的结论。而麦克斯韦用的仅仅是数学。

麦克斯韦推论变化的磁场能产生电场，变化的电场又能产生磁场。这就能看出，电和磁其实在某种程度上是"一回事儿"，电场和磁场可以互相产生，就算没有电荷，用磁场也能产生电场。

但麦克斯韦紧接着想到，如果用线圈形成一个振荡的电流，产生一个周期变化的磁场，那么这个周期变化的磁场就能产生一个周期变化的电场，而这个周期变化的电场又能产生新的周期变化的磁场……以此类推，这个电磁场岂不是可以一直传播下去吗？

这就是电磁波。20多年后人们真的在实验中制造了电磁波，给后世生活带来巨大的影响，不过

麦克斯韦在意的不是电磁波的实用价值。（如图4）

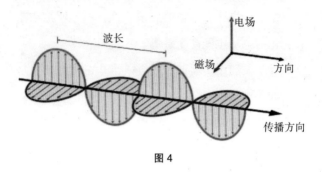

图4

麦克斯韦用他的方程组直接计算出了电磁波的传播速度。他发现这个数值跟光速是一样的！

当时的人已经在实验中测量了光速，而且早在1801年人们就已经知道光是一种波，但是人们并不知道光到底是怎么回事儿。而麦克斯韦计算得出的电磁波的速度正好是光速，于是麦克斯韦大胆宣称，光，其实就是电磁波。后来人们证实果然是这样，我们平时所见的可见光无非就是特定频率的电磁波而已。

这是物理学家再一次看破了红尘。天上和地上是一回事儿，匀速直线运动和静止是一回事儿，电和磁是一回事儿，麦克斯韦又说，光跟电磁场其实也是一回事儿。

这么一来，物理学的逻辑结构就变得更简单了。牛顿力学加上麦克斯韦电磁学，身边的一切物理现象等于都被理解了。这绝对是英雄的壮举。

但是这个成就里有一个危机。

# ❸ 危机

我们先捋一捋麦克斯韦的发现——

（1）他用四个方程概括了所有电磁现象；

（2）他发现变化的电场和磁场可以互相产生，从而推导出电磁波；

（3）他计算出电磁波的速度正好是光速，从而说明光其实就是电磁波。

这就说明，光速，是电磁现象所要求的结果，是可以用数学计算出来的。从逻辑角度来说，不能脱离坐标系（或者叫"参照系"）谈速度。那么，麦克斯韦计算出来的光速是相对于谁的呢？

这个问题可以有两种答案。

一般人的直觉是，光速肯定是相对于光源的。打开手电筒射出去一束光，这个光速肯定是相对于手电筒啊——但是这个说法很快就被物理学家否定了。

宇宙中有一种"双星系统"，就是两个临近的恒星互相绕着对方旋转，谁也离不开谁。从我们这里观察，就总有一颗恒星在向着我们运动，另外一个恒星向着我们相反的方向运动。

如果光速是相对于光源速度（u）的速度，那么向着我们运动的这个恒星的光速就应该更快一点，离我们而去的恒星的光速（c）应该更慢一点。（如图5）

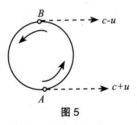

图 5

这个速度差异并不大，但是因为双星距离我们十分遥远，星光到达我们需要的时间很长，这一点点速度差异就足以让我们观察到这两颗星的星光出现延迟。可是天文学家观测了各种双星系统，从来都没有看到任何延迟。两个恒星的光速始终都是一样的！

这说明光速跟光源的速度无关。物理学家对此并不感到惊讶，因为电磁波本来就脱离最早产生它的电荷和电流而独立存在。

物理学家设想，光其实是遍布宇宙空间的某种介质的波动，而光速就是相对于这个介质的速度……可是当时的人万万没想到，这个解释的问题更大。

---

## 问答

**陈C：**

在讲麦克斯韦的发现时，提到"电磁波的速度正好是光速，从而说明光其实就是电磁波"。这看上去有一个混淆相关性与因果性的问题。比如有可能电磁波的速度与光速"正好"一样，或者它们都受到了其他因素的影响。今天我们都知道，可见光只是电磁波中的一个频段，但是在当时，人们是怎么推导并证明这一点的呢？

**万维钢：**

"光就是电磁波"这件事并不是麦克斯韦用理论推导证明出来的一个数学结论，而是他提出的一个物理假设。

物理学不是求解数学应用题。通过已知的知识，用严格的数学推导，推导出一个逻辑上无懈可击的结论，这不是物理学发现，这是机械化的推理。

物理学家做的最高级的事情，是在这些机械化的推理之外，跳出数学推导，提出一个大胆的假设。麦克斯韦仅仅看到他解出来的电磁波速度约等于当时人们测量的光速，就断言光是电磁波，这就是一个大胆的假设，是一次思维跃迁。

这就好比一个侦探通过勘查现场，发现作案人的身高是 1.63 米，他想到与此案相关的一个人的身高就是 1.63 米，于是他跟助手说，那个人就是凶手。这个断言上法庭奏效吗？不行，法官会要求进一步的证据。这个断言没用吗？当然有用，这恰恰体现了侦探的破案功夫。

需要有别的物理学家做实验证明，做进一步的探查，我们才能确信光是一种电磁波。但是，麦克斯韦面对方程的解在那一刹那的灵光闪现，是整个发现过程中的决定性一步。要知道在他之前，从来没有人能想到光和电是一回事儿。

科学是一个严密的体系，但是进行科学研究，取得科学发现，是一种艺术。

爱因斯坦设定光速不变，是时空的观念要变，也是一个这样的断言，必须有后来的实验证据才行。但光荣属于爱因斯坦。后面我们还会继续看到爱因斯坦的这种神来之笔。

**喵大王：**

"因为双星距离我们十分遥远，星光到达我们需要的时间就很长，这一点点速度差异就足以让我们观察到这两颗星的星光出现延迟。"提问：如果能观测到延迟，那这个延迟的表现是什么样子呢？

**万维钢：**

想象有人每天早上给你寄一封信，每天晚上给你寄一封信。如果你收到信的时间也是正好每 12 小时一封，你就能确信，邮递员送信的速度是一样的，跟早晚无关。如果邮递员送信速度跟早晚有关，你在不同的距离上收，就会发现收信是混乱的，几乎每天任何时候都可能收到一封信，你可能会先收到晚上的信后收到早上的信。

如果光速与光源速度有关，我们观察双星系统会看到模糊的一团光，而不是不管距离多远都是清清楚楚的两颗星。

# 光速啊，光速

看到这里你也许会有些着急：爱因斯坦的理论怎么还没有出场？请相信，我们前面做这么多铺垫都是值得的。真正的精彩不在于相对论的结论，而在于思辨的过程。前两篇，我们说了两件事。

第一，匀速直线运动和静止没有区别。物理定律——至少是力学的定律——应该在所有匀速直线运动或者静止的坐标系下是一样的。

第二，麦克斯韦解关于电磁的方程解出了一个光速，可是物理学家有个疑问：这个光速是相对于谁的呢？

如果光速是相对于光源速度的速度，那以上两个事实不矛盾。但是实验观测表明，光速跟光源的速度无关。

于是物理学家相信，光既然是一种波动，光速就一定是相对于某种"介质"的速度。

## ① 波动和"以太"

先说说什么是"波动"。你往平静的湖水里扔一块石头，水面上就会产生一层层的波纹，慢慢传播出去，这就是波动。用教科书上的话说，波就是"时间和空间上的周期性运动"。

需要注意的是，在波向外传递的过程中，是波的形态在传播，湖水本身并没有向外传播。湖面上的水有一个局限在当地的来回运动，仅此而已。你看到海浪一层层地来到岸边，那些岸边的浪花只是岸边的水的波动，并不是远方的水跟着海浪一起来了。

在大尺度上，水并没有动，是波在相对于水而动。水是波传递的介质，波传递的仅仅是信息和能量，而不是物质——介质本身，不需要动。

声波也是这样。距离你 10 米远的人说话，你能听到他的声音，那是声波在空气中传递的结果。声波从那个人的嘴边到达了你的耳朵——但是那个人并没有把他嘴边的空气吹到你这里。

水波是相对于水面的运动，声波是相对于空气的运动——既然光作为电磁波也是一种波动，它就也应该是相对于某种介质的运动，对吧？

这个假想中的介质，就被称为"以太"。

并不是物理学家观察到过以太的蛛丝马迹，也不是物理学家固执地相信凡是波都必须有介质——物理学家凭空想象这么一个以太，纯粹是为了回答"光速到底是相对于谁"这个问题。

## ② 可是没有以太

那以太到底是什么东西呢？物理学家可以推算它的性质。

首先，既然我们能看到来自宇宙各处的星光，以太就必须遍布整个宇宙空间，无处不在。

其次，以太肯定是一种非常稀疏的物质。这是因为我们完全感觉不到它的存在，存在于以太中的各种东西都是该怎么运动就怎么运动，以太不构成障碍。

最后，以太必须是一种很坚硬的东西。这是因为物理学家早就知道，波的传播速度跟介质的坚硬程度有关：介质越硬，波速就越快，比如声波在水里的传播速度就比在空气里快。

又很稀疏，又很坚硬，以太这个东西不是太奇怪了吗？

更严重的问题是，如果以太真的存在，那物理学家关于"匀速直线运动和静止没有区别"这个信念可就错了。我们完全可以说"相对于以太的静止"是绝对的静止，它跟运动有本质的区别。

还是回到那艘豪华游轮上。你在船上做力学实验的确无法判断船是运动的还是静止的，但是现在你可以做一个电磁学实验！你可以打开手电筒制造一段光线，然后测量一下它的速度。只要船在相对于以太运动，你就一定能找到一个方向——正好是船运动的方向，在这个方向上，光速比其他方向要慢一些！只要你能找到这个光速变慢的方向，不就证明船是在运动了吗？

我们的地球就是这艘船。既然地球在公转，它就肯定是在运动。如果以太存在，我们就一定能找到一个让光速或者稍微变大，或者稍微变小的方向，对吧？（如图 6）

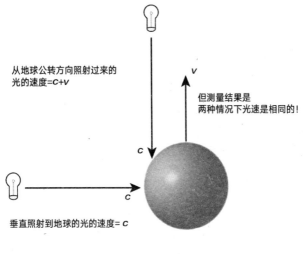

从地球公转方向照射过来的光的速度=c+v

但测量结果是两种情况下光速是相同的！

垂直照射到地球的光的速度= c

图 6

这是一个关于以太到底存不存在的决定性的判据。我们知道地球公转的速度大约是每秒 30 公里，可是光速是每秒 30 万公里，公转对光速的影响是非常非常小的，但是这难不倒物理学家。

美国物理学家阿尔伯特·迈克尔逊（Albert Michelson）发明了一个特别漂亮的测量光速变化的装置。他把一束光分成两束，在垂直的两个方向前进，走过同样的距离，经过镜子反射之后再回来。如果光速在两个方向上是一样的，两束光就会形成一个完美的干涉条纹。但是只要这两束光的速度有一点点不一样，这个干涉条纹就会被破坏。这个装置足以发现极其微小的速度差异，现代人发现引力波的实验装置也用了这个原理。

这就是发生在 1887 年的"迈克尔逊－莫雷实验"（Michelson-Morley Experiment）。实验结果是地球上的光速在所有方向上都是一样的。

这也就是说根本没有以太。

这也就是说光根本不需要介质，就能在空间传播。

这也就是说匀速直线运动和静止真的没有本质区别。

但这也就是说，物理学家还是不知道光速到底是相对于谁的。

1887 年，全体物理学家都陷入了困惑。他们还得再等 18 年才能知道答案。而提供答案的人，现在才只有 8 岁，他就是爱因斯坦。

# ③ 26 岁以前的爱因斯坦

关于爱因斯坦有一些民间传说。很多人有这样一个印象：爱因斯坦小时候学习不好，好像是个有点笨的孩子，后来他努力学习，才成了伟大的科学家。这样的故事能给普通人希望……但是爱因斯坦真不是普通人。图 7 是一张 14 岁的爱因斯坦的照片。

**图 7** [1]

2017 年，诺贝尔奖委员会在官方 Twitter 账号（@NobelPrize）上贴出了爱因斯坦 17 岁高中毕业时的成绩单。（如图 8）

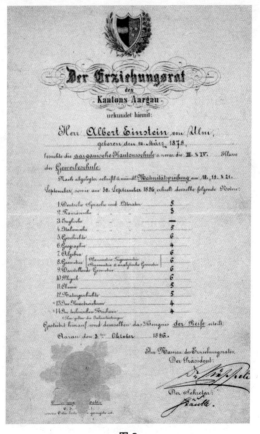

图 8

他的物理、代数、几何、历史成绩都是最高分6分，只有法语是3分。这样的成绩相当不错。补充一点，爱因斯坦16岁的时候就已经报考了现在享有"欧陆第一名校"美誉的瑞士苏黎世联邦理工学院，而且被录取了，只是大学要求他先把高中念完。

不过按照世俗的标准来看，爱因斯坦的确有点性格"缺陷"。爱因斯坦对师长不够尊重，还总想对抗体制。比如爱因斯坦本来是在慕尼黑上高中的，可是他受不了当时德国高中普遍实行的军事化管理，就索性退学，追随经商的父母去了意大利……而且连德国国籍都不要了。

爱因斯坦没念完高中就想上大学，上了大学仍然不满意。苏黎世联邦理工学院已经是个很好的大学了，但爱因斯坦认为它的教学太陈旧。前文提及的麦克斯韦的电动力学，这个时候已经被提出40年了，可是苏黎世联邦理工学院的物理系居然没有这门课程。爱因斯坦干脆逃课，自学麦克斯韦的理论。

爱因斯坦看不起物理系的教授，教授们也看不上爱因斯坦。他们给爱因斯坦的评价是不听话，而且懒。他们甚至建议爱因斯坦不要学物理了，去学医吧。

不过爱因斯坦在大学里有一个重大收获，就是他后来的妻子米列娃（Mileva）。米列娃本来是学医的，转系学了物理……两个物理青年就这样相爱了。

但是两个人的成绩都一般。大学毕业考试的时候，在物理系的五个毕业生中，爱因斯坦排第四勉强拿到了毕业证，米列娃排第五必须重修一年。

当时是 1900 年，排前三名的学生都得到了正式的教职，成为职业科学家。爱因斯坦和米列娃不得不为生计奔忙。两人有了孩子，爱因斯坦为了养家糊口还去当了一段时间家庭教师，后来好不容易在专利局找到了一个平庸的工作。

图 9 [2]

这就是爱因斯坦在 1905 年之前的生活状况。我想有类似经历的求学者不在少数。心中有一个远大的志向，看什么都不顺眼，面对现实毫不妥协，结果把自己的生活搞得很艰难……正所谓"诚知此恨人人有"。

爱因斯坦跟这些人唯一的区别是，到 26 岁这一年，他创造了奇迹。

我曾读到一篇杨振宁先生写的文章，叫做《爱因斯坦的机遇与眼光》。杨振宁在文章中表示，爱因斯坦之所以能创造奇迹，首先是他极其幸运："他生逢其时，当物理学界面临着重重危机时，他的创造力正处于巅峰。"

但是光有机遇还不行，因为当时至少还有两个人——洛伦兹（Lorentz）和庞加莱（Poincaré）——也摸到了相对论的门，但是这两人都没有成功。杨振宁说"洛伦兹有数学，但没有物理学；庞加莱有哲学，但也没有物理学"。为什么是爱因斯坦打开了这扇门呢？因为爱因斯坦拥有"自由的眼光"。

爱因斯坦敢质疑当前现状，爱因斯坦不跟体制和解。杨振宁说爱因斯坦这种"孤持"（apartness）

的个性，是他能取得伟大成就的必要条件。

但是光有机遇和个性也不行。在我看来，爱因斯坦的物理直觉，也许是一种天赋。比如他5岁的时候，就对一个指南针非常感兴趣。小孩对指南针感兴趣很正常，但爱因斯坦的思路不一般——他觉得指南针说明我们所处的这个空间有问题！空间不是各向同性的，它居然有一个特殊的方向！

爱因斯坦16岁就写了第一篇物理论文，这篇论文的题目是《磁场中以太的状态的研究》。他只问了一个问题：如果我以光速运动，那我看到的光，会是什么样的呢？难道光会是静止不动的吗？

当时爱因斯坦就认为不会是那样——他说，根据麦克斯韦的理论，不管我以怎样的速度运动，我做实验产生的光波还是会以光速运动。

一般情况下师长们都告诉你要适应世界。爱因斯坦不是来适应世界的。他是来改变世界的。

## 🔍 问答 |

**浮世绘:**

以太和空气有什么区别呢? 推测以太性质的时候说它能充满整个宇宙, 但又说"相对于以太的静止是绝对的静止", 那么就是说空气可能被外界物体改变运动状态和性质, 而以太是不会受外界影响的, 只是始终静止地待在一个地方吗?

**万维钢:**

我们在书中只讨论了地球相对以太运动的情况, 但当时的物理学家也考虑了地球拖着周围的以太一起运动的情况。如果以太有一定的黏滞性, 会跟着地球一起动, 那我们在地球上做实验的确就会看到光速在各个方向一样。但是, 如果那样的话, 从地球看远处的星光, 在地球公转的不同位置, 就会有不同的偏折——而我们没有观察到那种偏折。所以我们只好假设以太不会到处动, 只作为宇宙的背景存在。

# 刺激 1905

只要你活得足够长，见识足够广，你就会发现所谓"平凡的日子"其实是一个假象。我们生活的这个世界非常喜欢搞事情，其中不乏一些不可思议的大事件。

纳西姆·塔勒布（Nassim Taleb）在《随机生存的智慧》（*The Bed of Procrustes*）这本书里有句话说，100 个人里面，50% 的财富、90% 的想象力和 100% 的智力勇气，都是集中在某一个人身上——尽管不一定集中在同一个人身上。

这个世界就是这么喜欢不均匀的分布。

1905 年这一年，全世界的智力勇气，大约都集中在爱因斯坦身上。

# ① 奇迹

现在我们一般把 1905 年称为"爱因斯坦奇迹年"。我记得 2005 年的时候，物理学家们还专门组织活动纪念爱因斯坦奇迹年的 100 周年——其他名人都是纪念诞辰或者逝世多少周年，而爱因斯坦应该按照奇迹年纪念。

瑞士伯尔尼专利局的助理鉴定员阿尔伯特·爱因斯坦，利用业余时间开展科学研究，于 1905 年发表了六篇物理学论文。其中四篇，用物理学家杨振宁的话说，引发了人类关于物理世界的基本概念——时间、空间、能量、光和物质——的三大革命。

1905 年 6 月 9 日，爱因斯坦发表《关于光的产生和转变的一个启发性观点》。当时的物理学家认为光是一种连续的波动，而爱因斯坦在这篇论文里针对"光电效应"这个现象，提出一个解释，他认为光的能量不是连续变化的，而是一份一份的——是"量子"化的。这篇论文开启了量子力学。

7月18日，爱因斯坦发表《热的分子运动论所要求的静止液体中悬浮粒子的运动》，解释了布朗运动。在过去很长一段时间里，人们一直在猜测世间的物质都是由分子和原子组成的，但是因为分子、原子的尺度太小，显微镜根本看不到，一直没有直接的证据。在这篇论文发表的将近80年前，英国植物学家罗伯特·布朗（Robert Brown）用显微镜观察到水面上的花粉颗粒一直在做永不停息的不规则的运动，后来人们把悬浮微粒的这种运动叫做布朗运动。爱因斯坦在这篇论文中说，花粉之所以会这样运动，是水分子的热运动在不停推它的结果——而且他据此准确计算出了水分子的性质。这篇论文是人类第一次用科学观察和数学严密的推论有力地证明了分子的存在。

9月26日，爱因斯坦发表《论运动物体的电动力学》，这篇论文提出狭义相对论。

11月21日，爱因斯坦发表《物体的惯性同它所含的能量有关吗？》，这篇论文用狭义相对论推导出了现在尽人皆知的公式——$E=mc^2$，并据此说明质量和能量其实是一回事儿。

这些论文实在太革命，它们刚发表出来的时候都让物理学家有点无法理解。但是短短几年之后，这些观点就获得了实验上的证实，并且被普遍接受。1921年，爱因斯坦还因解释光电效应的那篇论文得了一个奖——"诺贝尔奖"。

我有时候就想，如果一位现代物理学家穿越到1905年，他敢不敢用这样的速度发表那些论文，敢不敢一个人独占这么多革命性的荣誉——我觉得小说都不敢这么写。

没错，爱因斯坦是专门来改变世界的。


## ❷ 爱因斯坦的断言


不过，不要被爱因斯坦的光环吓倒！我们在本书的开头就说了，狭义相对论是个简单的理论。

到现在这一步，物理学家面对的一切危机就是一个问题：麦克斯韦电动力学解出来的光速，到底是相对于谁的？前文提到，物理学家们通过实验，推翻了之前关于光速是相对于光源或某种介质的假设，他们找不到这个问题的答案。我不知道你小时候学物理的时候有没有这样的疑问：既然物理定律都能用数学表示，数学如此重要，那所谓物理学，是不是无非就是数学应用题呢？对做题的学生来说，物理题的确很像数学应用题。但是物理学家可不是拿着定律做题的人，他们是提出定律的人。

物理学家做的事情，是对这个世界是怎么回事儿提出一个假设，然后再去验证这个假设。

做这件事，除了数学，还得有智力勇气，还需要"物理直觉"。爱因斯坦的天赋就在这里。

1905 年，爱因斯坦出手了。他提出相对论的论文《论运动物体的电动力学》，说的就是光速危机。爱因斯坦的解决方案是一个拨云见日的断言——

一切匀速直线运动或者静止的坐标系下，物理定律都是一样的。

这句话叫做"相对性原理"，它是伽利略相对论的推广。伽利略说力学在一切匀速直线运动和静止的坐标系中是一样的，而爱因斯坦现在说不用限定为力学，一切物理定律——包括电动力学——都是一样的。

这其实就是本书开头说的那个物理学家的简单信念。有意思的是，光速不变，可以说本身就包括在相对性原理之中。无论是在哪个匀速直线运动的坐标系中，电动力学都一样，所以解出来的光速自然也都一样。

那么，光速到底是相对于谁的？答案是不管相对于谁，它都是同一个数。物理学家用英文小写字母 $c$ 来代表光速，它不是一个变量，而是一个常量——299,792,458 米 / 秒。

这也就意味着，不管你是站在地面静止不动，还是在飞奔的高铁上，还是在以接近光速飞行的宇宙飞船上，当你看到一束光的时候，这束光的速度永远都是 $c$。

怎么会是这样呢？难道不同坐标系下的速度不

应该叠加吗？难道我迎着光走的时候光速相对于我不应该更快一点吗？

爱因斯坦说，不是。不是光有问题，是你的时空观有问题。

如果你觉得相对论怪异，那这一切的怪异都来自光速不变。可是光速为什么不变呢？

复旦大学中文系的严锋教授，曾经有个调侃，说我们这个宇宙其实是一个计算机模拟，因为系统的计算能力有限，所以必须给光速设一个上限。

但是从物理学角度，我们知道光速其实是由麦克斯韦方程组解出来的——它是这几个数学方程的一个漂亮的性质。你要是觉得光速怪异，首先应该问为什么麦克斯韦方程组是这样的，为什么能解出电磁波来。

这么想的话，答案就是因为我们这个世界本来就是这么奇妙。

你想想，为什么会有"光"这个东西存在？为什么一个带电粒子做点有变化的运动，就会产生光呢？这难道不怪异吗？

看看我们的周围。这个世界的存在本身，就已经是一件不可思议的事情！那相对论又有什么可奇怪的呢？你觉得它怪异，只不过是因为相对论是高速效应，而我们熟悉的东西恰好都是低速的而已。

## ③ 时间的膨胀

只要你坚信相对性原理和光速不变，狭义相对论的各个结论就都可以用数学推导出来。

我们现在来做一个思想实验，看看真实时空的一个小秘密。

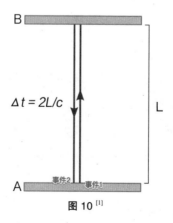

图 10 [1]

图 10 表示的是一个长条形的盒子。盒子的一端（A）有一个发射装置，它可以在垂直方向发射一个光脉冲，另外一端（B）是一面镜子。我们要研究的是光从盒子的一端出来，到达镜子，再反射回来的过程。

为此，我们首先要定义两个"事件"。在相对论里时间和空间都是相对的，但是事件是绝对的，发生了就是发生了，没发生就是没发生。

我们把光离开盒子发射端这件事定义为"事件1"，把光经过镜子反射之后又回到这个地方，定义为"事件2"。假设盒子两个端点之间的距离是 $L$。

现在请问，事件1跟事件2这两件事之间，间隔了多长时间呢？

如果你跟盒子在同一个坐标系内——也就是说，盒子相对于你是静止的——那么答案非常简单，小学生都会算：光走的路程是两倍的 $L$，而光速是 $c$，所以间隔时间是 $\Delta t = 2L/c$。

但是，如果你跟盒子不在同一个坐标系内，答案就不是这样了。假设你站在地面不动，而盒子相对于你，正以速度 $v$ 在水平的方向上进行运动。

（如图 11）

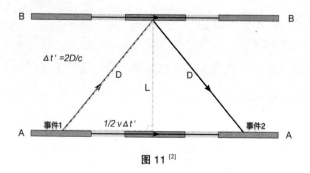

**图 11** [2]

盒子在动而你不动，那么在你看来，从光离开发射装置（事件 1）到光打到镜子上的路线就不是垂直的了，因为事件 1 之后盒子会走过一小段距离。这种情况下，光走的路程是一个以 L 为其中一个直角边的直角三角形的斜边，我们用 D 表示。这时事件 1 和事件 2 的间隔时间应该是 $\Delta t' = 2D/c$。

直角三角形的斜边总是比直角边长，D>L，所以 $\Delta t' > \Delta t$。也就是说，同样的两个事件之间的间隔，你跟盒子在一起的时候感觉到的时间，会比你跟盒子之间有相对速度的时候，要短一些！

到底短多少呢？这是一道平面几何题，考虑直角三角形的另一条直角边长度 $v\Delta t'/2$，容易推导出——

$$\Delta t' = \frac{\Delta t}{\sqrt{1 - \dfrac{v^2}{c^2}}}$$

我们可以想象一个人跟着盒子走，另一个人在地面看着盒子走，这个公式就告诉我们，在看着盒子走的人看来，自己的时间过得比较快，而跟着盒子走的那个人的时间比较慢。用老百姓的话说，这就是"运动物体的时间会变慢"！

我们推导出这个怪异结论的过程，唯一用到的假设就是光速不变。在寻常的情况下，比如让一个只学过"距离 = 速度 × 时间"的初中生做这道题，他一定会假设时间不变，是光速要变。

所以你一定要坚信光速在任何坐标系下都不变才行。

④ 寻常不寻常

那么，怎么理解时间变慢的这个现象呢？是我们测量用的表有问题吗？不是。

根据相对性原理，物理定律在任何一个匀速直线运动的坐标系中都应该一样，表根本感觉不到自己是运动的还是静止的。不但表感觉不到，如果你跟着盒子一起动，你的意识、你身上的每个细胞，组成你的每个原子，也都感觉不到任何变化。

是时间本身，变慢了。

而这个"变慢"也是相对的。运动的你完全感觉不到慢，是在地面不动的我，觉得你慢。

这个效应普遍存在，你总是可以假想这个有光的盒子。只要你相对于我有速度，我看你的时间就比我慢。

为什么我们平时感觉不到这个效应呢？因为我们平时的相对速度都太低了。只有在 $v$ 相对于 $c$ 不是特别小的情况下，相对论效应才明显。

你可能已经想到，如果你能进行一段高速的长时间的旅行，岂不是就会比其他人老得慢吗？是的！已经有实验证明这个效应了，我们后文再说。

## 🔍 问答 ｜

**agentle 深海:**

既然运动是相对的,为什么是它在高速运动,而不是我在高速运动呢?为什么是它的时间变慢而不是我的时间变慢呢?

**万维钢:**

是你和它都在相对于对方的坐标系高速运动,相对于自己则当然都是静止的。你看他的时间比你慢,他看你的时间比他慢。

# 穿越到未来

1905 年是清朝光绪三十一年，可是直至今天，狭义相对论仍然是个激动人心的理论……而我有时候感觉自己仍然生活在清朝。

现在有些知识分子还在反对相对论。我曾经看到一篇来自燕山大学的、2007 年发表的正规论文，题目为《狭义相对论的本质及对科学哲学和社会的影响》，文中列举了各种反对相对论的观点，引用了 50 多篇参考文献，说狭义相对论是"科学体系中的一颗毒瘤"。

这些反对者连基本概念都没搞明白，但是他们仍然能找到发论文的地方。所以我有一点感慨，任何一个理论，要想找都能找出它在历史上的争议，包括各路权威的反对意见。如果你没有区分该理论对错的能力，你只能说这个学问"非常复杂"，越琢磨越糊涂。而如果你想专门抹黑或者吹捧一个学说，你完全可以得出自己想要的任何结论。

面对这样的事情，你很可能会陷入虚无主义……难道这个世界就没有对错了吗？

当然不是！科学之所以是科学，就是因为它有办法判断对错。科学方法首先是一套判断对错的方法。

相对论是一个非常"对"的理论。当然我并不是说将来绝不会有更好的理论取代它，但在当前实验验证范围之内，这是一个特别好特别对的理论。

幸好科学结论不是投票选出来的，它最终靠的是实验验证。科学家早就对相对论进行了大量的验证。

# ① 真的能"长寿"

前文提到，相对论效应会让一个运动物体的时间变慢。这个效应叫做"时间膨胀"，它可以用实验验证。

我们设想有一个距离地球 80 光年远的星球，而如果我们有一个速度达到 $0.8c$ 的飞船，它飞到那里就需要 100 年。但是，这个数字是以地球为坐标系计算出来的。对飞船上的宇航员来说，他们的时间比地球上的人慢。相对论预言，在飞船坐标系中，完成这趟旅行只需要 60 年。

我们可以选拔一批 20 岁的宇航员进行这次任务。如果相对论是错的，飞船没有时间膨胀效应，那么飞船就要飞 100 年才能到达目的地，那时候这些宇航员应该差不多都殉职了。而假设你是其中一名宇航员，到了目的地发现自己还活着，自我感觉也就 80 岁，不就证明相对论是对的了吗？

当然，拿宇航员的一生去做这个实验是不太妥当的，而且我们现在也没有速度能达到 $0.8c$ 的飞船。但是，这个实验其实在好几十年前就已经做过了，而且结果完美符合相对论。

科学家做这个实验用的不是宇航员，而是一种叫做"μ子"的基本粒子。

μ子可以被视为电子的一个变种，在这个实验中，关于它我们只需要知道一点：它非常、非常短命。一个μ子很容易无缘无故地变成一个电子和两个中微子——物理学家将这个过程称为"衰变"。

基本粒子的衰变是个很奇妙的事情。粒子不会变"老"，衰变总是突然发生的，而且是严格按照一定比例的随机事件。μ子在静止坐标系下的半衰期[1]只有 2.197 微秒——1 微秒是一百万分之一秒，这句话的意思是说，假设有一堆μ子，它们每隔 2.197 微秒，就会死掉一半。因为粒子不会变老，所以剩下的这一半μ子的半衰期，还是 2.197微秒——也就是说再过 2.197 微秒，它们还会再死一半。它们会始终按照这个固定的速率衰变。

地球天空中的高速宇宙射线中就有μ子，它们一边冲向地面，一边衰变——可以想象，能成功活着到达地面的μ子，应该是很少的。

1941 年，物理学家用 μ 子验证了相对论。[2]他们首先在美国华盛顿山的山顶上用仪器测量了 μ 子流的密度，专门统计了那些速度是 $0.994c$ 的 μ 子，看在一定的面积内，一小时能收集到多少个这个速度的 μ 子。

华盛顿山的高度大约是 2 千米。这些 μ 子从山顶到达山底大约需要走 6.71 微秒。如果这些高速 μ 子的半衰期跟静止 μ 子一样，这 6.71 微秒就是好几个半衰期，那么山底收集到的 μ 子数应该是山顶的 8.5 分之一。

可是，如果相对论是正确的，这些速度是 $0.994c$ 的 μ 子的时间就应该变慢，它们的半衰期就应该变长，那么在山底就应该收集到更多的 μ 子。这就相当于速度为 $0.8c$ 飞船上的那些宇航员，到达距离地球 80 光年远的星球时本来应该几乎全部殉职，结果却有很多活着。

实验结果是：物理学家在山底收集到的 μ 子数是山顶的 1.26 分之一。这些 μ 子真的通过高速运动保持了青春——这正是相对论预言的结果，而且数值丝毫不差。

1979 年物理学家又做了一次实验，他们用欧洲核子研究中心的粒子加速器把 μ 子加速到了 $0.9994c$，结果这些 μ 子的平均寿命就被延长到了原来的 29.3 倍！

相对论不但正确，而且非常精确。

## ② 双生子佯谬

这难道不就是一个让人活得年轻的方法吗？的确是，而且后面讲广义相对论的时候还会介绍另一个让时间变慢的机制。科幻作品经常使用这种素材，比如电影《星际穿越》里，宇航员去黑洞附近执行任务，回来的时候还挺年轻的，可是自己的女儿却已经很老了。

正所谓"山中方七日，世上已千年"。我想提醒你的是，这里说的时间变慢只是不同坐标系对比的结果。对于参加星际旅行的你来说，你实实在在活过的时间，还是正常的寿命。相对性原理要求你根本感觉不到自己多出来什么时间——如果你在地面一辈子能读 1 万本书,在飞船上这一辈子也只能读 1 万本书。你在山中过的这 7 天,也是一日三餐共吃 21 顿饭。

但是你的确比地面上的人老得慢。说到这里有个著名的问题,叫做"双生子佯谬"。

比如假设你有一个双胞胎妹妹,在你们 20 岁这一年,你乘坐接近光速的宇宙飞船前往远方执行任务,你的妹妹留在了地球上。在你妹妹看来,你这一走就是 50 年,你回来的时候她已经 70 岁了。可是因为相对论效应,你在飞船坐标系下体会到的这段旅程只有 30 年,你回来的时候才 50 岁。

你离开的时候两人一样大,回来的时候你妹妹比你老了 20 年。这个事实是没问题,但是人们会有一个疑问。相对于你妹妹,你在飞船上是高速运动,所以会有时间变慢的效应,所以你比你妹妹年轻。可是反过来说,相对于你,你妹妹在地球上难道不也是在高速运动吗?那为什么不是她比你年轻呢?

这个问题的答案是你和你妹妹所在的坐标系并不是等价的。你妹妹一直待在地球上,可以近似为一个匀速直线运动的坐标系。而你离开地球必须首先加速到接近光速，到达目的地要减速、掉头、再加速，回到地球还要再减速，你经历的并不是匀速直线运动。你在加速减速的时候得使用力量，你会有"推背感"，而你妹妹没有。

考虑到这些，精确计算你在每个阶段相对于你妹妹是什么年龄就比较麻烦了[3]，这里先不讲。我们会在番外篇专门进行一点技术性的讨论。

但是这个效应是真实的，你真的比你妹妹年轻了 20 年。双生子效应已经有实验证实。

验证这一效应不需要真的进行星际旅行，你只需要一种精度非常非常高的原子钟。先把两个原子钟对好表，然后将一个放在地面不动，把另一个带上民航的国际航班飞一圈。你飞回来再把这两个原子钟放在一起，就会发现它们的时间有一个极其微小的差异——这个差异是实实在在存在的。参加了飞行的那个原子钟，现在确实比留在地面的那个年轻一点。

如此说来，那些经常在天上飞的飞行员和空姐都比一般同龄人要年轻一点！但是他们速度不够高，一辈子也差不了一秒。而如果你能把自己的速度提高到无比地接近光速，那么你的一天是地面上人的一年，甚至一千年，在理论上都是可能的。你就等于穿越到了未来。

## ③ 时空是相对的

跟时间膨胀相对应的一个效应是"长度收缩"。

还是以宇航员为例。同样一段距离，我们在地面看他应该飞 25 年才能到，在他自己看来，飞 15 年就到了。而且请注意，不管在我们看来还是在他看来，飞船相对于这段距离的飞行速度是一样的。

这就意味着，宇航员看到的这段距离，比我们看到的要短。

所以，长度是个相对的概念。一个物体的长度在相对于它静止的坐标系中是最大的，如果你跟它有一个相对的运动，你会觉得它比静止的时候短一些。这就是长度收缩。

我还记得小时候看过一个日本动画片，里面用极其夸张的手法描写了这个现象——几个孩子骑自行车，其他人感觉他们都变瘦了。

其实严格地说，有人计算得出，三维物体的长度收缩效应是你观察到的，而不是你看到的。考虑到物体各个部分的光到达你眼睛的距离不一样，你的眼睛实际看到的感觉只是这个物体旋转了一个角度而已。你在视觉上不会觉得它变短了，但是如果你考虑到光速是有限的，物体不同部分的光线到达你的眼睛有个时间差，你根据这个时间差做一番计算。

时间膨胀和长度收缩这两个效应告诉我们：空间的长短也好，时间的快慢也好，都跟坐标系有关。不同坐标系中的观测者看到的时间和空间是不一样的。时空并不是一个客观的、不变的、一视同仁的大舞台，每个坐标系都有自己的时空数字。不同的坐标系要想交流，得先做"坐标变换"，把对方的时空数字转换成自己的。

但是，在每个匀速直线运动的坐标系内部，你所用的物理方程，都是一模一样的。

如果永远不联系，你在飞船的生活跟我在地面的生活就没有任何区别。可是一旦要联系，我们的数字就会非常不一样。而所有这些不一样，又恰恰是因为光速在所有坐标系下都一样。

相对论是如此让人不好接受，却又是如此的简单。

相对性原理是一个信念，但物理学家从来都没有把相对论当做"信仰"——科学的精神是实验结果说了算。物理学家始终对相对论保持开放的态度。2011 年，物理学家一度以为中微子的速度能超过光速，但是后来发现那是一个乌龙，是实验设备有问题。

现在我们只能说爱因斯坦完全正确。

## 问答

**Neil、Skyboat:**

以后一些暂时治不了的病，是不是让病人上天飞几圈，然后等医疗技术更先进了，再下飞船诊治？以这样的逻辑，快老死的人也可以通过这种方式续命，这其实就是永生了？

**万维钢：**

现在有些人已经冷冻了自己的身体，希望有朝一日医学进步了把自己解冻再治病。这个方法其实不太好，毕竟没有人用活人做过冷冻再解冻的实验，我怀疑那些被冷冻的人其实已经死了。利用双生子效应穿越到未来，对身体没有任何生物和化学的影响，的确是一个更好的办法，完全可行。

但是，这种方法并不能真正给人"续命"。一个人的有效生活时间如果有100年，相对论只能允许他选择怎么分配这100年，而不能将他的寿命变成101年。也许他是在21世纪活50年，去22世纪活30年，最后留下20年再去看看23世纪和两千年以后的世界。而他必须明白，每一次向未来穿越都是一次冒险，因为这种穿越只能向前不能向后，而未来的世界未必比现在好。

**曹玉彬、福元：**

心流中，旁观者觉得过了很久了，但心流中的人却觉得很快。这个和相对论有关系吗？

**万维钢：**

这跟相对论完全没关系。心流状态下的人感觉自己没干什么、外界的时间却已经过了半天，这只是大脑的一个幻觉，他的身体仍然不折不扣地度过了这么久……其实只要他的思绪回来，就会发现自己怎么突然饿了。

**唐僧：**

如果驾驶一艘飞船以 $0.5c$ 的速度驶离地球，飞船内的人始终和地球上的人用电磁波保持不断的通话状态，那飞船上的人听地球人的话会不会好像是慢速播放，而地球上的人听飞船上人的话会是非常快速的？

**代成龙：**

如果在一艘宇宙飞船上，我想跟家人视频

通话，会是什么个结果？是不是会眼睁睁地看着家人变老？

**Strange：**

宇航员在接近光速航行，在飞船上看书，地球上的人看到宇航员翻书的速度，是和我们一样，还是比我们快？

**万维钢：**

这三个问题本质上是一样的。翻书也好、发视频也好、通电话也好，都是相对高速运动的两个个体之间进行的联络。快慢，取决于飞船和地球的相对运动关系。

如果飞船正在飞离地球而去，两者之间的距离越来越远，那么不管是飞船上的人看地球上的人，还是地球上的人看飞船上的人，都会觉得对方说话、翻书、做动作的速度变慢了。

这首先是"多普勒效应"，我们在日常生活中也有这样的体验。比如一辆火车正在飞奔着离你而去的时候，你听火车的汽笛声，会觉得比火车不动的时候低沉一些。用物理学家的话说，就是离你远去的信号的频率会降低，因为周期延长了。

但是，考虑到高速运动，双方不应该单纯凭视频判断对方的衰老速度，还必须补偿上时间膨胀的因素。最终结果是双方看视频中对方都老得非常慢，但是计算出来对方老得没有那么慢——不过还是都比自己慢。

而如果飞船正在返回地球的路上，那么双方看对方在视频里的动作就都比自己要快。这就好像火车向你开过来的时候，你会觉得汽笛声变尖锐了。这样只看视频的话，双方都会觉得对方比自己老得快。可是考虑到时间膨胀因素，还要再给对方补偿一点时间，计算出来，对方的衰老速度，还是比自己慢。

总而言之，不管是相聚还是远离，只要有相对的高速运动，就都是认为对方比自己老得慢——但这可不是双生子佯谬！只有先见面、再远离、然后又见面，在两次见面时的年龄对比才是实实在在的。否则，就只是起点不同的各自坐标系下的观点而已。

**八爷：**

光速在真空中一样，地球的环境已不是真空，我们感受的光速有变化吗？

**万维钢：**

光在非真空环境中的速度会比真空中慢。但这并不是光速真的变慢了，而是光经历了一系列的折射反射，是走的实际路线变长了。

**夜未央：**

不同的坐标系应该怎么理解，地球的坐标系是以地球为中心的吗？那太阳的坐标系是以太阳为中心吗？

**万维钢：**

坐标系完全是由观测者自己决定的，可以以任何地点为中心。坐标系的关键不在于坐标原点（也就是中心）在哪儿，而在于它相对于谁静止。

当我们说"在我眼中，你的时间变慢了"，这句话的意思其实是说，在相对于我静止的坐标系中，运动的你的时间变慢了。其实我心中知道，你自己并不觉得你慢，而且你还觉得我慢，但那都是观点。坐标系是规范的说法。"在我的坐标系中你这一趟飞了15年"，不会引起歧义。

**风：**

高速行驶的物体会变短。那么高速飞行的飞船会穿过静止时比它窄的夹缝吗？

**蓝月桥：**

既然运动的物体可以变小，那么一个接近光速的人（假设叫老李），能穿过相对于地球静止的针孔吗？在老李看来，针孔变大了吗？

**万维钢：**

答案都是否定的。运动的物体会变短，这个是指在运动的方向上变短。夹缝的宽窄和针孔的大小都在飞船和老李运动的垂直方向上，它们互相之间没有尺寸的变化。

与之类似的一个有意思的问题是所谓"梯子佯缪"。比如有一个梯子，它的长度比一个车库稍微长了一点点（如图12），现在梯子在水平方向上高速从车库中间穿过，那么，是否有一个时刻，梯子整个都被放在了车库之中呢？

车库
梯子

前门                    后门

**图12**

在车库看来，运动的梯子会变短，所以车库应该能装下梯子。（如图13）

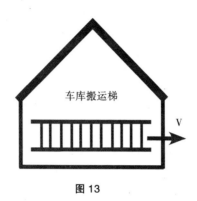

图 13

而在梯子看来，是运动的车库变短了，所以车库应该装不下梯子。（如图 14）

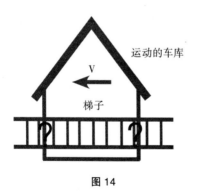

图 14

那到底是装没装下呢？答案是两个说法都对。关键就在于"同时"是相对的。在车库坐标系下，梯子前端到达车库后门和梯子后端到达车库前门这两个事件是同时发生的，所以能装下。而在梯子坐标系下，两个事件并不是同时发生，所以没装下。

我们只能说反正车库的前后两个门一开一关、梯子通过了——但是我们没法客观绝对地说，两个门是不是同时开关的。

# "现在"，是个幻觉

"理论物理"是个非常特殊的学问。一般人认识世界都是在实践中摸索一些规律，像现在流行的大数据方法一样，知识来自经验。但是理论物理学家另有一套方法。

物理学家总结出相对论的效应，比如时间膨胀和长度收缩，都不是来自对生活的观察与归纳。我们生活在一个低速运行的世界，身边从来都没有人的时间因为运动而变慢，也没有什么东西的尺寸因为运动而变小。如果物理学家不说，人们做梦都想不到会有这样的事。

物理学家之所以能发现这两个效应，纯粹是因为他们从相对性原理和光速不变这两条基本假设出发，用数学推导的结果。只要你坚信这两条假设，那么不管推导出什么离奇的东西，你就都得接受。你放任一个怪异的东西进门，就得准备好迎接整个新世界。这简直有点像嫁给一个人，就得接受他身上所有的优点和缺点，包括他的整个家族……相当于打开了一个魔盒。

然后人们想方设法创造极端的条件验证那些离奇的结论，发现它们居然全都是对的。所谓"运筹帷幄之中，决胜千里之外"，也无非就是这样吧？

下面继续讲一个从相对论推导出来的令人感慨的事实。

## ① 同时不同时

相对论的一个重要结论是，在一个坐标系下看是同时发生的两件事，在另外一个坐标系看就可能不是同时的了。为了理解这一点，我再强调一下"事件"这个概念。

时间和空间都是相对的，但是"事件"是绝对的。比如我们见面握手这件事不管在什么坐标系下观察，它发生就是发生了，没发生就是没发生，没有任何疑义。但是，事件发生的先后次序，却是不一定的。

下面我来介绍两个思想实验，我们一起体会一下其中思辨的乐趣。

第一个实验是物理课上常用的例子，它跟爱因斯坦本人设计的一个实验有点像，但是能说得更清楚。想象有一辆火车正在铁轨上从左到右高速运动。火车上的中间点站着一个观测者，他叫老李，你站在火车外的地面上。也就是说，你是处在相对于地面静止的坐标系中，而老李则是处在火车坐标系中，他在相对于地面运动。

假设老李在火车中间点的位置点亮了一盏灯。你站在地面上，也注意到了这盏灯。那么，这盏灯的灯光到达火车车头和灯光到达火车车尾这两个事件，是同时发生的吗？

先看老李。对老李来说，灯光距离车头和车尾的距离相等，光速是固定的，所以这两件事当然是同时发生的。图 15 表现了老李看到的光的路线，在每一个时刻，光距离车头和车尾的长度都是相等的。

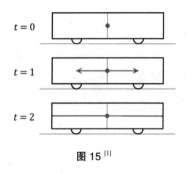

**图 15** [1]

可是对于站在地面上的你来说，可就不是这样了。光在往前和往后走的这段时间内，火车在移动。你看到的前后两束光的路线是图 16 这样的——

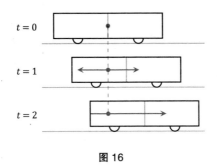

**图 16**

注意，**在你看来**，光速是相对于你，而不是相对于火车不变。在你看来，在光向左走的这段时间内，车尾也在向右走。也就是说，当左边的光接触到车尾的时候，右边的光还没有接触到车头。

所以在你看来，是车尾先接收到这束光，车头后接收到光——这两件事不是同时发生的。

同时不同时，取决于你是在哪个坐标系中看。

米德尔伯里学院的物理学教授理查德·沃夫森（Richard Wolfson），讲过一个更直观的思想实验。[2]

想象有两架同样大小的飞机，正在以相对于地面同样大小的速度相向而行，一架在上方开，一架在下方开，它们的飞行路线是平行的。（如图 17）

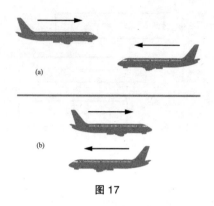

图 17

　　我们规定，"事件 1"是上面那架飞机的机头和下面飞机的机尾相遇；"事件 2"是下面那架飞机的机头和上面那架飞机的机尾相遇。那么，是事件 1 先发生，还是事件 2 先发生？这就完全取决于你站在什么坐标系上进行观察。

　　如果你站在地面上观察，既然两架飞机的大小相同，显然事件 1 和事件 2 是同时发生的。

　　而如果你站在上面那架飞机上观察，因为下面那架飞机有相对于你的运动，你就会觉得下面那架飞机比你所在的飞机短——因为运动的物体会变短。这也就意味着当你的机头遇到它的机尾的时候，它的机头还没有遇到你的机尾！如图 18

所示——

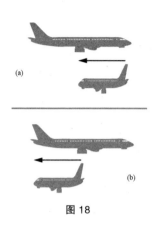

图 18

所以你会观察到事件 1 先发生，事件 2 后发生。

同样的道理，如果你是站在下面那架飞机上进行观察，你就会发现是事件 2 先发生，事件 1 后发生。（如图 19）

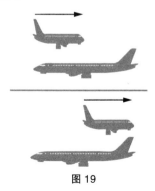

图 19

所谓"同时",是一个相对的概念。我们不能脱离坐标系谈两件事是否同时发生,甚至不能脱离坐标系谈这两件事哪个先发生,哪个后发生!

这就出现了一个大问题。是不是任何两个事件的先后顺序,都是相对的呢?

## ② 光锥之内才是命运

科幻小说里经常有穿越到过去改变历史的剧情。你可能想过这样一个问题——如果我穿越到自己的小时候,然后杀死那时候的我,将会发生什么呢?

别担心,狭义相对论禁止这件事发生。虽然前文提到有些事件的先后顺序是相对的,但是相对论并没有抛弃"过去"和"未来"这两个词。有些事的先后顺序在哪个坐标系下看都是一样的。相对论不会混淆因果关系。

那么,到底哪些事件的先后是相对的,哪些事件的先后是绝对的呢?我们需要借助一个叫做"光锥"的概念。

对于任意一个坐标系中的一个事件 A，我们首先用横坐标代表空间，纵坐标代表时间，画出它在这个坐标系中的时空位置，如图 20——

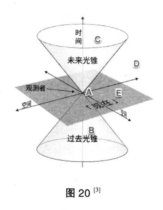

**图 20** [3]

注意，我们在这里说的是事件，可不是说人。在历史中连续变化的你不是一个事件——此时此地的你，才是一个事件。上图中，中间那一点 A，就是我们当前的这个事件 A，图中的平面代表了空间。从 A 点向上，就是这个事件未来的时间，A 点向下，就是过去的时间。在这个坐标系下，A 的过去和未来一目了然，它的"现在"，则是位于时间原点的一个平面。

那么，图中标记的另外几个点，C 和 D 就都在 A 的未来，E 在 A 的现在，而 B 在 A 的过去。

但是，这只是我们在这个特定的坐标系中的看法。也许换一个坐标系，这几个事件跟 A 的先后关系就会不一样。那么哪些先后关系是不会变的，哪些先后关系是可能发生改变的呢？

这时我们就需要"光锥"了。所谓光锥，就是在每一个时间点上，看看光最远能走多远，然后把这个范围画出来，就会形成上下两个圆锥形。这两个光锥，代表了事件 A 的影响力边界。

为什么是这样的呢？因为光速是信息传递最快的速度。比如我们知道光从太阳走到地球大约需要八分钟。那么，此时此刻的太阳和你之间，能互相影响吗？答案是不能。哪怕太阳此刻已经消失了，你也得在八分钟之后才能感觉到。这是光速不能到达的时空的事件，跟此刻的你没关系。但是，如果光速可以到达，那么两个事件的先后关系就是明确的。

上方光锥中的事件 C，就完全可以被 A 影响。C 在 A 的光锥范围之内，A 一定可以给 C 发一个

信号。这也就意味着，事件 C 只能发生在事件 A
之后。

比如我写下这段文字的这件事，算是事件 A。
你看到这段文字的时候，你身边发生的事，算是
事件 C。这个事件 C 就一定在事件 A 之后，因为
我可以通过这段文字给你传递信息，让你干扰事
件 C。

同样的道理，下方光锥里的事件，都是有可能
影响到 A 的事件，所以一定发生在 A 的过去。

可是图中的事件 D 和 E，是在 A 的光锥之外
的。它们和 A 之间无法通过光速建立联系。在这
个坐标系中，D 和 E 发生在 A 的未来和现在，而
在另一个移动的坐标系中，D 和 E 却有可能发生在
A 的过去。

一个事件的光锥，界定了它的边界。光锥以内
的事件跟它可以有关，光锥以外的事件跟它必定
无关。

## ③ 活在"当下"

考虑到光锥，我们就可以得出一个有意思的结论——"过去"和"未来"都有实实在在的范围，但是"现在"，却是一个相对的概念。

上图坐标系中的那个平面是事件 A 的现在——E 和 A 同时发生，是"现在"的事。但是 E 在 A 的光锥之外，也就是说，在另一个坐标系中，E 和 A 就不是同时发生的了，E 可能发生在 A 的过去或者未来。

现在，其实是一个幻觉。你影响不了现在，也不被现在影响。

这个道理其实很简单。比如假设我们面对面说话，你能看到我的形象，听到我的声音，可是考虑到光和声音都有一定的速度，你看到和听到的，其实都是我的过去。我的现在，可以影响你的将来——但是"我的现在"和"你的现在"这两个事件是不能互相影响的。

在绝对的意义上，你只能活在自己的当下，并没有人跟你天涯共此时。

费曼讲到这个道理的时候表示，很多人号称能预测未来，殊不知，人其实连"现在"在发生什么都不知道。

我们曾经以为时空是个客观的大舞台，宇宙中所有东西有一个共同的标准时间——而真相是时空是相对的。现在是什么时间？这段距离有多长？那个东西的速度是多少？这些问题的答案取决于你用的是哪个坐标系。

时空是相对的，好在因果关系还是稳定的，你不用担心被穿越者篡改历史，这来自光速是信息传递的最快速度这一事实。

那你可能会有一个疑问：为什么不能超光速呢？我们下一篇文章再讲。

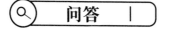 问答

158****5648：

如果光是有速度的，那宇宙中大部分我们

所看到的行星光速到达地球的时间则远超过星球的寿命（几十上百亿光年的多的是）。那是不是说明我们面对的是一个实际上绝大部分星球已经灭亡的宇宙？

**万维钢：**

你查阅了一个城市的身份证登记系统，发现人们的身份证照片大多都是几年前照的，那你能说这个城市的人的平均年龄都很大了吗？当然不能。城市里有很多刚出生不久的人还没来得及办身份证。

我们看到的都是星星的过去，越远的星星越是如此。但是我们也时不时能看到新出生的星星。宇宙的演化非常漫长，其中的星星并不是一起产生的，一直都有新的星星产生，也有老的星星死亡。这也是为什么天文学家自己的寿命这么短，却能研究星星的一生。

**CloudMan：**

如果太阳消失，对地球的引力马上就没有

了，并不需要等八分钟。但太阳消失这个事件在我们的光锥之外，却对我们产生了影响，这怎么理解呢？

**万维钢：**

恰恰不是这样。牛顿力学认为引力的传播不需要时间，但是相对论反对这一点。事实是太阳就算立即消失，它在地球附近的引力也得等大约八分钟之后才能消失。这里没有"超距作用"。我们不是在跟太阳直接打交道，而是在跟太阳在我们附近的引力打交道。"引力"，以光速传播——这也正是引力波的一个背景知识。

# 质量就是能量

普通的物理学家能完成常规的数学推导和实验测量。优秀的物理学家哪怕面对离奇的结论，也敢于把原则坚持到底。而爱因斯坦，则是跳出推导、自己建立原则的人。

我在前文中向你介绍了相对论的几个著名结论，包括时间膨胀、长度收缩、"同时"是相对的。这些结论看似离奇，但是都是数学的操作，都可以从相对性原理和光速不变推导出来。

爱因斯坦的了不起之处不在于这些机械化的推

导，而在于他提出了相对性原理和光速不变这两个假设。这是最高级的科学研究动作。提出假设需要洞见和勇气，这个动作往往带有一点个人风格。英雄从来都不是按照剧本走的人，英雄得任性。

这篇文章中我们将会看到爱因斯坦的再一次任性发挥。

物理学是个专门看破红尘的学问，它的主旋律是解放思想。爱因斯坦在相对论上的第一次出手告诉了我们电动力学和常规的物理定律是一回事儿。这一次他将告诉我们，质量和能量是一回事儿。

## ① 速度叠加

先解决那个已经困扰了我们很久的问题：在相对论中，不同坐标系下的速度应该怎么算？

比如假设你在一艘速度是每小时 100 公里的船上射出一支箭，这支箭相对于你的速度是每小时 200 公里。用常规的计算方法可以算出，相对于地面，这支箭的速度应该是每小时 100 公里加每小时

200 公里，也就是每小时 300 公里。

但是这种把速度直接相加的算法在相对论中肯定是不对的。不然的话，假设你在一个速度是 0.75$c$ 的高速飞船上向前发射一支相对于飞船的速度是 0.5$c$ 的火箭，那火箭相对于地面的速度不就成了 0.75$c$+0.5$c$=1.25$c$，这不就超光速了吗？

正确的算法应该考虑到，我在地面上看火箭走过的距离和时间，和你在飞船上看到的是不一样的，我们必须考虑时间膨胀和长度收缩的效应。具体来说，如果飞船相对于地面的速度是 $v$，火箭相对于飞船的速度是 $u'$，那么，火箭相对于地面的速度 $u$，不是简单地等于 $u'+v$，而是一个公式——

$$u = \frac{u'+v}{1+\dfrac{u'v}{c^2}}$$

使用这个公式可以算出，火箭相对于地面的速度约等于 0.91$c$，没有超光速。

这个公式的数学形式很简单，我建议你代入几个数字试一试。比如在 $u'$ 和 $v$ 都远远小于 $c$ 的情况下，这一公式就大致相当于 $u=u'+v$，这就回到了我们寻常认知中的速度相加，我们的日常生活定律恰恰是相对论的一个低速近似。

再比如假设你在飞船上打开了手电筒，那手电筒中的光速相对于你 $u'=c$，代入公式可以算出，$u$ 也等于 $c$——也就是说你在飞船上看到的光速，跟我在地面上看到的完全一样。

根据这个公式，不管你要叠加的两个速度如何地接近光速，结果都无法超过光速。那么，你大概可以想象，给一个飞船不断地加速，应该也无法超过光速。

## ❷ 质量变重

我们考虑这样一个情景。你坐在一艘宇宙飞船上飞行，我在地面上静止不动。飞船相对于我有一个很高的速度 $v$，但是相对于你，它的速度始终是 0。

你给飞船加速，它相对于你的速度永远是 0，但是你可以感受到加速的"推背感"。假设你不断地加速，你心想，现在飞船的速度肯定越来越快，应该快到光速了吧？但是，在地面的我看来，速度叠加可不是简单的 $u'+v$。我看到的是虽然你每次踩油门都能增加一点速度，但是你速度的增加值越来越少了。

你觉得自己仍然在生龙活虎地加速，我看你却是一个正在变油腻的中年人，越加速越吃力。简单地说，这就等效于在我看来，你的飞船正变得越来越重。

这就是相对论的另一个效应：高速运动物体的质量会变重。质量变重的形式和时间膨胀一样——

$$m=\frac{m_0}{\sqrt{1-\dfrac{v^2}{c^2}}}$$

（其中的 $m_0$ 是这个物体静止时的质量）

相对论的这几个效应，你可以用类比和联想的方法加深记忆：运动会让你更年轻（时间膨胀）、变瘦（长度收缩）和变结实（质量变重）。

根据这个公式[1]，可以得知——

当你的速度接近光速的时候，我眼中你的质量就会接近于无穷大。

在你看来，你的飞船随时都在从 0 加速。而在我看来，你每一次加速都越来越不容易——最后想要达到光速，你需要无穷大的力量！

这也就意味着一切有质量的物体都不可能达到光速。现代物理学家可以用加速器让一个电子的速度达到 0.9999c，但是它永远都不可能达到真正的光速。电子会变得越来越重，你输入再多的能量也不够用。我听说以前欧洲核子研究中心刚建成的时候，一开加速器就会耗费很多的电，周围镇子的老百姓抱怨说："你们冬天能不能少做点实验？因为我们取暖也得用电。"

但是，如果一个东西的静止质量是 0，它的质量就永远都是 0，也就谈不上加速和减速。光子的速度之所以是光速，就是因为光子的静止质量是 0。光子不会减速，它的时间也永远不动，它不会变老——它要么以光速运动，要么消失。

目前为止这些结论都可以从物理学的基本假设推演出来，一个普通的物理学家也能做到。接下来，我们把舞台再次交给爱因斯坦。

爱因斯坦 1905 年发表论文的速度有点像写专栏。9 月 26 日,《论运动物体的电动力学》正式发表。9 月 27 日,爱因斯坦就提交了下一篇有关狭义相对论的论文——《物体的惯性同它所含的能量有关吗?》

这篇论文可不是狭义相对论的简单延伸,它告诉了我们另一个做梦都想不到的事实。

### ❸ $E=mc^2$

我们已经知道运动的物体质量会变重。那请问,多出来的重量,是多在了哪里呢?爱因斯坦把质量变化的公式做了一个小小的变化 [2]——

$$mc^2 = m_0c^2 + \frac{1}{2}\,m_0v^2 + ...$$

从中我们就能看出来,在速度比较低的情况下,运动质量和静止质量的差异乘以 $c^2$,正好就是牛顿力学里的“动能”。

换句话说,质量增加的部分是能量……那质量本身，是否也是能量呢？

爱因斯坦就产生了这样一个洞见：$mc^2$ 代表一个物体的全部能量——哪怕它静止不动，它的质量本身，也有能量。这就是著名的"质能方程"——

$$E = mc^2$$

这绝对是一个思维跃迁，这是一个充满爱因斯坦风格的断言。在此之前从来没有人想过质量蕴含着能量。这一项能从数学公式中推导出来，但是爱因斯坦现在给这一项赋予了意义。这是画龙点睛的一笔。

那么，这能说明什么呢？我们来做个思想实验。

假设有一颗炸弹，它在房间的中间静止不动。炸弹的质量是 $M_0$，它的总能量——其中包括它蕴含的一切化学能量——就是 $M_0c^2$。

现在这颗炸弹爆炸了，它正好炸成了质量相等的两个碎片，向两个相反的方向高速飞行。每个碎片的运动质量是 $m$，能量都是 $mc^2$，那么根据能量守恒，$M_0=2m$。

这两个碎片会跟房间里的各种东西发生一系列的碰撞和摩擦，最终它们的动能会变成热量消耗掉。两个碎片最终会静止，这时它们的质量都是 $m_0$。

根据相对论，我们知道 $m>m_0$，所以 $M_0>2m_0$。

也就是说，炸弹在爆炸之后，会损失一点点质量。那损失了的一点点质量，就是炸弹释放的能量。能量来自质量。

关于这个炸弹的推理适用于一切释放能量的现象。比如蜡烛的燃烧。你在点燃蜡烛之前称一称它的重量，再算一算它燃烧过程中需要用到的氧气的质量。等蜡烛燃尽，你再称一称它变成的灰烬的重量，再算一算它产生的燃烧气体的重量，前后比较——

你会发现，总重量减少了一点点。那减少的一点点重量，化作了蜡烛燃烧向周围释放的光和热。

在爱因斯坦发现质能方程之前，从来没有人想过化学反应会损失质量。这是因为光速实在太大，一点点质量就能化作巨大的能量。这是一个几乎在实验中无法测量出来的微小差异。

但是爱因斯坦就这么预见到了。其实不仅是炸弹和蜡烛，不管什么东西，只要有能量差异，就有质量差异。比如你把一根橡皮筋拉紧了，称一称它的重量；然后把它放开，再称一称它的重量——橡皮筋的重量就应该减轻了一点点，因为它释放了一点点动能。

但是这个质量的减少实在太小，连爱因斯坦都觉得这是无法验证的。爱因斯坦曾经想到，也许核反应释放的能量比较大，能验证他这个理论，但是他自己想想还是觉得核反应太难实现，没抱什么希望。

结果谁也没想到，后来核物理发展得非常快，人们做出了原子弹，还能用核能发电，而且实验结果完全符合爱因斯坦的质能方程。

我们可以说爱因斯坦再一次看破了红尘。宇宙中所有的东西，无非就是质量和能量——而爱因斯坦现在告诉你，这两种东西其实是一回事儿：质量就是能量。

质能公式还告诉我们，只要人类的技术够先进，就永远都不用担心能源短缺的问题。因为光速

*c* 实在是太大了！只要花费一点点质量就能换来巨大的能量。如果受控核聚变能成功，每年用几克原料就能满足一个城市一年的用电量。

图 21

*E=mc²* 这个公式已经被永远地跟爱因斯坦联系在了一起，以至于很多人以为是爱因斯坦发明了原子弹——真实情况是爱因斯坦没有参与过原子弹的研究，他只是给罗斯福总统去了一封信呼吁美国研发原子弹，而且那封信还是别人写的，爱因斯坦只不过允许写信的人使用自己的名字而已。但是我敢说，爱因斯坦的洞见配得上所有这些荣耀。

至此，狭义相对论已经介绍得差不多了，一开始仅仅是光速不变，现在却连化学都要颠覆，请你细细体会一下我们是怎么一步步走到这里的。

相对论的奇迹还没结束。接下来的文章我们

要讲广义相对论，爱因斯坦将会再一次看破这个世界。

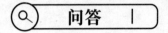

问答 ｜

**千秋雪：**

咦，第一次听说化学反应放出能量时损失了一丢丢质量。那物理反应释放能量会损失质量吗？例如开水变冷了？

**happy-first：**

动能的增加会使质量增加，那势能的增加也会使质量增加吗？例如，我坐电梯从一楼上九楼，九楼的我会比一楼的我重那么一点点吗？

**万维钢：**

把一个物体加热，的确能增加它的静止

质量！

势能也能增加质量。不过九楼的你并不会比一楼的你重一点点——是上楼之后的你和地球加在一起的总质量，比上楼之前的你和地球加在一起，重了一点点。这就相当于把一个弹簧拉开，弹簧的质量增加了一点点。

**孙俊峰：**

为什么宇宙的膨胀速度可以一直加速呢？现在宇宙的膨胀速度已经超越光速了，那这个速度有没有极限？

**万维钢：**

关于物理定律禁止超光速这件事，我们可以记住一句口诀：不存在超光速的信息传递。这句口诀可以帮你判断一切超光速现象的真伪。

所谓光速不变，是光**在空间中**的移动速度——严格地说是光在真空中的移动速度——不变；而宇宙膨胀，则是**空间本身**的膨胀。

　　我们可以想象有一个巨大的气球，一只蚂蚁以固定的速度在气球上爬行。当气球膨胀的时候，气球另一端的观测者会觉得这只蚂蚁的爬行速度正在加快——可是这只蚂蚁根本感觉不到，它还以同样的速度在爬行。这只蚂蚁能以更快的速度把信息从 A 点送到 B 点吗？不能！因为虽然它搭上了气球膨胀的顺风车，可是 A 点和 B 点之间的距离也在膨胀。

　　空间膨胀的速度在整个宇宙中是均匀的，我们这里的空间也在膨胀，但是我们感觉不到。而在宇宙的大尺度中累计起来，远处物体因为空间膨胀远离我们而去的速度可以超过光速。但是如果你去到远处，你会发现那里跟我们这里一样，并没有什么东西能超光速运动。

　　事实上，除了空间膨胀，还有些别的现象也是"超光速"的。比如你用手电筒打出一个光柱射向月亮，当你将手从月亮的一端划向另一端的时候，手电筒打在月亮上的那个光点，就可以以超光速的速度在月球表面移动——但是这个光点无法把信息从月亮上的一点送到另一点。

那只是一个光点而已。并不是月亮上真有一个什么东西在移动。

# 不可思议的巧合

我在海洋世界看过鲸鱼的表演。有的动物可爱，有的动物凶猛，而鲸鱼给我的感觉跟别的动物完全不一样。鲸鱼的身体那么大，曲线那么美，姿态又是那么优雅。鲸鱼游来游去，有时候还活泼地向观众拍打水花。可是我坐在那里，感觉它们好像是比人类更高级的存在，有如神明一般。

广义相对论给我的感觉就是这样。大，而且优雅。

广义相对论是一个美丽的理论。

相比之下，牛顿的引力公式过于直白。我们应该庆幸自己生活在一个广义相对论主导的宇宙里。广义相对论的数学特别难，思想却是简单的，只是非常深刻。想想它的来龙去脉，它意味着什么，它能推演出什么东西，其乐无穷。

我们还是先来一点铺垫。前文介绍狭义相对论的时候我们已经看到，爱因斯坦喜欢设定一两条最简单的原理，然后不管用它们会推导出来什么怪异的结论，你都得接受。广义相对论也是这样。

## ① 广义·相对性原理

狭义相对论的缘起是一个危机——物理学家搞不清楚光速到底是相对于谁的，一个问题等了 18 年，直到爱因斯坦长大了才将它解决。但是广义相对论可不是源于另一个危机。广义相对论，是爱因斯坦自己提出来要做的事。

1905 年，刚刚发表了狭义相对论，爱因斯坦就已经开始思考广义相对论，用了十年最终完成。

爱因斯坦想要的是什么呢？

我们知道，狭义相对论的出发点是"相对性原理"：一切匀速直线运动或者静止的坐标系下，物理定律都是一样的。

爱因斯坦思考的问题是：为什么非要限制成"匀速直线运动"呢？为什么加速运动就不行呢？物理学中的速度不但有大小而且有方向，所谓"加速运动"，就包括了圆周运动、拐弯、变速等各种运动。有了加速度，就可以描述所有瞬时的运动了。

所以爱因斯坦想的是，能不能把相对性原理再延伸一下，改成——

在所有的坐标系下，物理定律都是一样的。

这就是"广义的相对性原理"。这个思路很有哲学意味，但是它蕴含着颠覆性的新物理学。

当时并没有人给爱因斯坦提这个需求，那时候别的物理学家都还在消化狭义相对论，但是我想爱因斯坦的这个思路很容易理解。打个不恰当的比方，这就好比我已经征服了一个国家，那我下一步是不是应该征服全世界呢？其实当时世界人民并没有表现出想被你征服的强烈愿望，是爱因斯坦自己想要这么做的。

为此，爱因斯坦必须理解清楚"引力"。

## ② 加速和有引力

让爱因斯坦取得突破的首先是这样一个思想实验。

假设你站在一个像电梯一样的长方形的封闭火箭里。火箭会给你提供推力，让你一直向上加速运动。

可以想象，这种运动与匀速直线运动截然不同。在匀速直线运动中你是自由的，但是加速运动中你会感到一个力。我们坐车的时候都有过这种感觉，车一加速，你会有"推背感"。

爱因斯坦思考了这样一个问题：我在火箭中做加速运动的时候，感受到火箭的推力，和我站在地面感受到地球的引力，有什么区别吗？

地球引力给我们的感觉是实实在在的。你站立的时间长了会觉得累，就算躺在床上，后背也会有一个压力。在火箭中也是这样，加速会给你一个推力的感觉。

在地面，如果我让一个小球自然下落，它在引力作用下会越落越快，加速冲向地面。我在火箭中也是这样——我放开小球，小球就自由了，但是火箭在向上走，火箭的地板会加速冲向小球：在我看来，这完全等同于小球加速冲向地面。（如图 22）

**图 22**

一个是在加速向上的火箭里，一个是站在地面静止。牛顿会认为这完全是两回事儿，因为运动状态不一样，受力情况也不一样，在火箭中的你只受到火箭的推力，在静止的地面的你同时受到地球的引力和地面的推力。

但是爱因斯坦说，我在火箭内部做实验，明明观测不到任何区别。

## ❸ 自由落体和没有引力

我们再看一个思想实验。

爱因斯坦思想实验的原始版本是，想象你在一架电梯里，电梯突然间失控，以自由落体的形式向下坠落，你想想，那是什么感觉？

答案是你会感到"失重"。不过这个想象有点吓人，我们换一个场景：太空的空间站绕着地球在做圆周运动，其实它跟坠落的电梯一样，都是自由落体。只不过空间站有很高的水平速度，它不会真的掉下来。

自由落体运动中的物体处在失重状态。宇航员就是失重的，他们可以在空间站里飘浮，他们如果把水滴放在空中，水滴不但不会下落，还会呈现一个完美的球形。

这使很多人误解太空没有引力。其实空间站

408km 的高度跟地球 6371km 的半径相比不算什么，太空的引力并不比地面低多少。宇航员在太空之所以感觉不到引力，是因为他们是在做自由落体运动！

空间站绕着地球转也好，电梯从高层掉落也好，它们都是自由落体，都会失重，也都是"加速运动"。别忘了，速度不但有大小，而且有方向。圆周运动的速度大小可以不变，但是方向一直在变，它跟匀速直线运动有本质的区别。（如图 23）

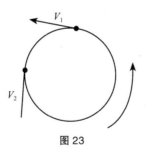

图 23

于是，爱因斯坦又思考了这样一个问题：这种运动中的失重感，跟我在一个远离一切星球、做一个完全不受外力影响的匀速直线运动的感觉，有什么区别吗？

牛顿会说当然有区别！前者是引力作用下的加速运动，后者是没有外力时的匀速直线运动！

但是爱因斯坦说，我身处那样的环境，不管做什么实验，都无法发现两者的区别。

这就很有意思了。之所以没区别，是因为这里蕴含着一个你想不到，但是在物理学家看来极其怪异的事实。

# ❹ 巧合

先想想这个问题：为什么自由落体明明是个加速运动，可是爱因斯坦却说它跟匀速直线运动没区别呢？因为自由落体状态中所有物体的加速度都是一样的。你可能还记得那个数字，加速度都是 $9.8m/s^2$。

只有这样，当你在空间站中把一个小球悬浮在空中的时候，它才会一直停留在你身边，它会跟着你一起动。如果小球和你的加速度不一样，你们两个就会迅速分开，你就会觉察到现在不是匀速直线运动。

自由落体中所有物体的加速度之所以都一样，是因为地球引力对所有物体一视同仁。

那么，为什么会一视同仁呢？你在高中学过物理后已经默认了一视同仁，现在我换个讲法你就会发现其中的问题。

牛顿力学告诉我们，一个物体受到力，是它产生加速度的原因，$F=ma$（力 = 质量 × 加速度）。受力带来的加速度大小跟这个物体的质量有关，我们先将这个质量称为"惯性质量"。

牛顿引力公式 $F = G \frac{Mm}{r^2}$（地球上 $GM/r^2$ 相当于一个常数）又告诉我们，每个物体感受到的地球引力的大小，也跟这个物体自身的质量成正比。这里又有一个质量，我们先将这个质量称为"引力质量"。

可是你是否想过，这两个质量，为什么是一样的呢？换句话说，就是为什么"惯性质量"等于"引力质量"呢？

这是一个完全合理的疑问。惯性质量决定了力怎么给物体带来加速度——任何形式的力都可以，电磁力带来加速度也是用这个质量进行计算的，这跟"引力"并没有天生的关系。引力质量仅仅是引力的一个性质，它决定了一个物体受到的引力大小，也就是"重量"。

我们小时候总是默认质量就是重量，越重的东西就越不容易推动，其实它们是两回事儿。比如一块巨石的"重量"是向下的；而你容不容易推动它，是水平方向上的事。加速度可以是任何力在任何方向的结果，可引力只有一个方向，那这两者为什么一样呢？

说到这里，有一个相当经典的案例，就是传说中的比萨斜塔实验，伽利略证明了一轻一重两个铁球从高处落下来是同时着地——也就是说，引力给它们的加速度完全一样：引力，很尊重小球的"惯性质量"。

伽利略当年用反证法论证了为什么两个铁球必须同时着地。他说，如果越重的物体落得越快，那把一个轻的铁球和一个重的铁球粘在一起——一方面，轻的铁球应该拖慢重的铁球，两个铁球的下落速度应该比重的铁球慢一些；可是另一方面，这样就得到了一个更重的大铁球，应该会下落得更快才对。这个矛盾表明，铁球的下落速度应该跟轻重无关。

伽利略这个论证其实站不住脚。因为伽利略默认了引力给加速度的时候只看重量——或者说，引力给重量的时候只看它们的加速性能。可是引力凭什么这么做呢？电磁力的大小就完全是由物质的电荷决定的，跟惯性质量无关。引力为什么不另有一个"引力荷"，为什么非得根据惯性质量给加速度呢？引力完全可以给铜球一个加速度，给铁球另一个加速度。

惯性质量恰好等于引力质量这件事，现代物理学家能给出的最好解释是……纯属巧合。物理学家在真空中精确测量过两个铁球是不是同时落地，在月球上也做过这个实验，结果都是惯性质量精确地等于引力质量。我们不知道为什么这个世界是这样的，但是它就是这样的。

你马上就能想到，这跟"光速不变"好像很像：你再想不通，也得接受。

## ⑤ 爱因斯坦的断言

广义相对论的出发点，是爱因斯坦的一个断言——

在任何局部实验中，引力效应和加速效应无法区分。

这句话叫做"等效原理"，它等于是在说"惯性质量＝引力质量"。爱因斯坦表示，别问为什么了，这个世界就是这样的。

在一个封闭的房间里，你说你正站在地面享受引力，我可以说你其实是在一个加速运动的火箭里。你说你正在引力的作用下享受自由落体，我可以说你其实处在一个不受任何引力影响的匀速直线运动的状态中。

爱因斯坦表示，只要这个房间的尺度不是特别大，你说的和我说的就没有区别。

那么，引力到底是个什么东西呢？站在地面上，你能切切实实感到引力的存在。可是只要你随便进行一个自由落体运动，引力对你就不存在。

一个东西如果是真实的存在，它怎么可能在静止坐标系下就有，在一个加速坐标系下就没有了呢？爱因斯坦的新要求可是物理定律不管在什么坐标系下都一样。

我们的结论只能是，引力这个东西，其实是个幻觉。

或者说得严格一点：在局部，引力根本就不存在；在大尺度范围里，引力根本就不是力……正如鲸鱼不是鱼。

那引力到底是什么呢？只有爱因斯坦能提出这样的问题，也只有爱因斯坦能回答这个问题。我们下一篇文章再说。

### 🔍 问答 ｜

**Core Duo:**

如果引力不是力，那为什么还有所谓的电

磁力、强作用力、弱作用力、引力这四种基本力呢？还要寻找所谓的大一统理论将它们统一呢？

**闲淡山人、星行醒幸、勇气果子：**

如果引力是个幻觉，那么物理学的四个基本力：强核力，弱核力，电磁力，引力都是幻觉吗？

**Sophie：**

广义相对论和 M 理论相比，哪个更胜一筹？

**万维钢：**

广义相对论认为引力并不是一种"力"，但这只是广义相对论的看法。如果有一个物理学家非要认为引力也是一种力，那的确，从逻辑上来说，引力应该跟其他三种力统一起来。

现在情况是其他三种力已经被统一起来了，这个理论叫"大统一理论"，GUT（Grand Unification Theory），而其中不包括引力。

直观地说,电磁力、强相互作用、弱相互作用这三种力,都可以用某种**粒子**的"交换"来解释。比如宏观下我们说电磁场,但是在微观下,你可以说电子和质子之间的电磁力,其实是通过它们互相交换"光子"来实现的。有一个光子,从这边跑到了那边,传递了这个力。

类似的,强相互作用有"胶子",弱相互作用有"W玻色子"和"Z玻色子"负责传递。这些负责传递力的粒子是客观存在的,在实验中都可以被发现。不管在哪个坐标系下,它们都存在。

宏观下,电磁场也是客观存在的,不管在什么坐标系下,电磁场只会变化,不会消失。而引力却可以在加速坐标系下消失。

引力与它们是真的不一样。物理学家曾经试图用"引力子"来解释引力的传递。从数学上来说,这涉及把引力场"量子化"——这是一套数学方法,但是,这个方法只在引力比较弱的时候才适用。所以引力子在理论上都可能是不存在的，更不用说没有任何实验证据表明引力子存在。

所以那三种相互作用真不是幻觉，引力可以是幻觉。

既然引力可以不是力，为什么还要追求一个"统一理论"呢？这是因为广义相对论和量子力学存在根本性的矛盾。广义相对论认为时空是连续可分的，是实数的；而量子力学认为时空存在一个最小的尺度——也就是"普朗克长度"和"普朗克时间"——时空应该是有理数的，甚至如果你愿意的话可以用整数描写。

M 理论是统一量子力学和引力的一个尝试。在数学上，目前看来它似乎是可行的。但是 M 理论还谈不到能跟广义相对论抗衡的程度——广义相对论已经得到了千锤百炼的观测验证，而 M 理论还没有任何实验验证。可以说 M 理论是数学家的一个游戏。

**轸念：**

相对论中的断言也就是基本假设（光速不变，在局部引力和加速运动无法区分），这些我们只能接受不能问为什么的结论，它们会不会是一个更大的理论，在某种情况下的近似的结果呢？如果有一天我们有了一个解释力更强的理论之后，能不能把相对论也纳入其中呢？

**万维钢：**

从逻辑来说，我们最希望能有一个"终极的理论"，它的基本假设是如此的简单，以至于无须置疑，却能从中推导出一切物理定律，能够回答一切"为什么"。这样我们就能获得内心的安定。这也正是所谓"第一性原理"的思路。

但目前来说，物理学未来的图景将不会是这样。宇宙中的主要物质是 100 多种原子，而原子又由质子、中子、电子组成。再深入一步，可以说质子、中子都是夸克组成的。这样宇宙的最主要构成成分，也不过就是六种夸克、六种轻子和四种基本的力——按物理学家的说法叫做四种"相互作用",包括引力、电磁相互作用、强相互作用和弱相互作用。

现在物理学家有一个非常厉害的理论,叫做"标准模型",能够把前面说的这些所有东西——除了引力之外——都描写清楚,而且无比精确。当然,还有一些事情是标准模型解释不了的,比如说暗物质和暗能量。而且标准模型中有 19 个自由的参数——这些参数不是理论计算出来的,也就是说似乎没有什么道理约束它们必须如此,它们都是被实验测定出来的。物理学家不知道为什么这些参数恰好是这样的数值。所以,现实是我们这个宇宙的物理学中包含至少 19 个参数,是没有办法从第一性原理出发进行解释的。

也就是说,我们不但不知道光速为什么不变,而且不知道质子为什么不衰变,精细结构常数为什么是 1/137。

物理学家对此最好的答案是,根据 M 理论,我们这个宇宙的参数只不过**恰好**是这样。

M 理论允许很多种不同的参数组合，理论上存在着无数个各种不同参数的宇宙。也许有的宇宙里光速可以变，有的宇宙里精细结构常数等于 35，有的宇宙里没有稳定的质子。我们只不过恰好生活在这个宇宙里。

这就好比说，你可能想问，为什么中国人都说中文语言呢？是不是因为中文是宇宙中最美丽的语言？是不是有一个统一理论能推导出来，人这个物种一定是说中文的？答案是别的语言也有人说，我们只不过恰好生在中国，于是就说了中文。

我认为这个解释也能提供内心的平安。

**少壮派：**

总是听到**思想实验**这个词，它到底和物理实验有哪些区别？是不是现有的物理实验不具备相对论的验证条件？爱因斯坦只能通过数学和逻辑在脑海中推导出这些结论吗？

**万维钢:**

有些思想实验确实不方便真做，只能在脑子里想一想。但是我们使用思想实验的根本原因，在于人们对实验结果不会有任何质疑——我们都知道实验结果会是那样的，现在争论的焦点在于怎么**解读**这个结果。

宇宙飞船也好、电梯也好，我们这么说一说你就能明白，没必要真的花钱进行一个实验。物理学家对上面会发生什么很有信心。

哲学家一般没有做实验的科研经费，所以尤其喜爱思想实验。比如哲学家特别喜欢设想下面这样的场景——

从前有个铁轨，五个孩子正在铁轨上玩耍，与此同时一辆火车正在飞奔而来，眼看就要撞到孩子们。铁轨上面有个桥，桥上坐着一个胖子。请问你愿不愿意把胖子推下桥，用他一个人的命换五个孩子的命呢？

这种实验就只能在思想中进行。

不过，哲学家要小心，这毕竟不是物理

学。做思想实验的时候，很多受试者都说他们会推胖子。可是后来有人在实验室真把这个场景模拟出来了——当然不是用人，用的是小兔子。结果面对鲜活的生命，那些受试者手软了。

# 大尺度的美

广义相对论的数学非常难。连爱因斯坦都觉得自己的数学知识不够用，后来是在数学家的帮助下使用微分几何的知识，才得到最终的引力场方程——

$$G_{\mu\nu} \equiv R_{\mu\nu} - \frac{1}{2} R g_{\mu\nu} = \frac{8\pi G}{c^4} T_{\mu\nu}$$

你可以把它跟中学学过的牛顿引力公式进行一个对比——

$$F = G \frac{Mm}{r^2}$$

给你打个直观的比方。牛顿引力公式就好像是一个完美的球体。而广义相对论，就好像是一头美丽的鲸鱼。

你不见得非得知道鲸鱼身上每一处结构的精确尺寸，你没必要学会怎么画鲸鱼，但是你可以欣赏鲸鱼的美。

为了理解广义相对论，我们先说一点无比简单，但是不会在高考中出现的几何学。

# ❶ 弯曲的几何

这个关键概念是时空可以是弯曲的。什么是"时空"的弯曲呢？不用数学语言很难精确描述，我们可以做个类比。

一张放在桌子上很平很平的纸，可以代表一个二维平面。只要它足够平，我们在初中学的平面几何知识就都适用。我们清楚地知道什么是直线。两条平行线永远都不会相交，三角形内角之和等于180度。

桌子上又摆了一个地球仪，请问这个地球仪的表面是二维的，还是三维的呢？（如图 24）

**图 24**

根据你直观的感觉，它可能是三维的，因为只有三维空间里才有地球仪……但是数学家可不这么看，他们考虑的仅仅是地球仪的表面。一只蚂蚁在上面爬，它永远也不能离开这个表面。只需要一个经度、一个纬度，两个数字就能描述蚂蚁在地球仪上的位置——所以球的表面，其实是一个二维的平面。

它只是不那么"平"而已，但它是一个弯曲的平面。

我们生活的这个世界的空间是三维的，如果把时间也算成一维，就总共是四维时空。广义相对论并不要求更高的维度，广义相对论只是说，这个四维时空，可以是弯曲的。你可能听说过"超弦理论"，该理论认为总共有多达 11 维时空，其实那些多出来的维都是蜷缩着的，不能算数。

有些科幻小说作家认为四维时空不过瘾，非要给宇宙增加几维，还要搞"降维打击"，那些没什么意思。物理学家早就知道，如果空间大于三维，其中行星绕着恒星公转的轨道就会是不稳定的，也就无法演化出智慧生物来。

那怎么理解四维时空的弯曲呢？我们可以用弯曲的二维平面进行类比，但是请记住，弯曲的不仅仅是空间，还有时间。

哪怕是基于弯曲的平面，数学家也可以谈论"直线"——当然没有完全直的直线，但是可以有"最直的线"。比如地球表面是个球面，从北京去纽约，虽然不可能建造一条地下隧道走绝对的直线，但是仍然存在一条球面上的最短的线路——肯定不是拐来拐去那种。

对球面来说，两点之间最短的线路是走"大圆"，也就是圆心正好是球心的那个圆。比如图 25 中两点之间最直的线，就是大圆的一段。

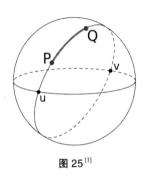

图 25[1]

哪怕不是球面，各种复杂曲面上也都有这种"最直的线"，当然它们就不一定是在大圆上了，我们统一称之为"测地线"。（如图 26）

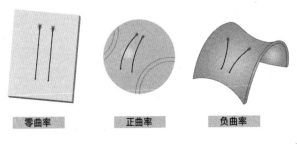

零曲率　　　　正曲率　　　　负曲率

图 26

数学家黎曼——就是提出"黎曼猜想"的黎曼——早在 1854 年就已经把复杂曲面的这些数学研究出来了，我们现在称之为"黎曼几何"。黎曼几何是弯曲空间中的几何学，也是广义相对论的数学基础！在黎曼几何中，两条"平行"的测地线可以相交也可以越分越远，三角形的内角之和可以大于也可以小于 180 度。

以上基本是理解广义相对论所需要的数学知识。

## ❷ 广义相对论 ABC

广义相对论，简单地说就是两点。

第一，一个有质量的物质，会弯曲它周围的时空。这是"物质告诉时空如何弯曲"。

第二，在不受外力的情况下，一个物体总是沿着时空中的测地线运动。这是"时空告诉物质如何运动"。

这里根本没有引力的事，根本不需要引力。

这个画面是这样的。你可以将时空想象成一个二维的蹦床，本来蹦床是平的，往上面放几个球，蹦床上有球的地方周围就变成弯曲的了——这几个球，弯曲了各自周围的时空。（如图 27）

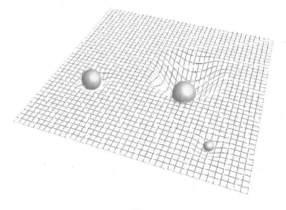

图 27

地球为什么绕着太阳转？牛顿认为那是因为太阳对地球有引力。但是广义相对论认为，地球根本不知道太阳在哪里，只是太阳把时空弯曲得比较厉害，地球是根据自己所在时空的测地线运动而已。就好像蹦床上的小球可以绕着大球滚动，而你知道大球并没有吸引小球，那只是因为蹦床上大球的周围有个凹陷！（如图 28）

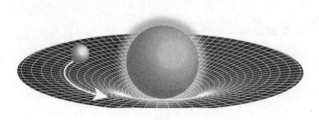

图 28

同样的时空，每个物体的速度不一样，它们遵循的测地线也不一样。有的物体会直接掉向太阳，有的会绕着太阳做椭圆运动，有的擦肩而过，这些都只不过是物体在沿着自己的测地线运动而已。（如图 29）

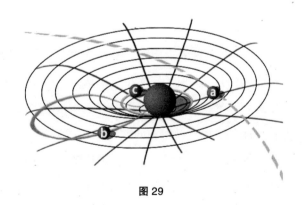

图 29

当然，每个有质量的物体在弯曲时空中运动的同时，也在弯曲着自己周围的时空，只是弯曲的程度不同。时空的形状由所有这些物质共同决定，然后所有物质都沿着自己周围时空的测地线运动。

用蹦床打比方是不得已而为之，物质弯曲时空并不是像小球在蹦床上往下"压"的结果，而是自然地弯曲周围所有方向上的时空的结果。而且请注意，被弯曲的不仅仅是空间——还有时间，这部分我们后面再讲。

在这里我还要澄清一点。你也许会有这样的疑问：既然高速运动物体的质量会增加，那多出来的质量是不是也会弯曲空间呢？答案是不会。广义相对论里说的物质弯曲空间，可以理解成是物质的"静止质量"在弯曲空间，静止质量是所有坐标系都同意的不变量。时空的内在几何形状是绝对的，但是时空在不同的坐标系有不同的样子。

广义相对论就是这么简单。

# ❸ 自然运动状态

爱因斯坦再一次看破了红尘。什么是引力？可以说根本没有引力，有的只是时空的弯曲。

或者也可以说，所谓引力，就是在大尺度下才能看出来的、时空的弯曲。鲸鱼的身体是曲线型的，但是如果离近了看，它身上每个地方都可以用一个很平的小平面近似。局部的测地线就是很直很直的直线，这就是为什么我们上一篇文章说局部没有引力。

讲到这里，我们要重新定义"自然运动状态"这个概念。所谓自然运动，就是在没有任何外力干扰的情况下，一个物体自由自在的状态。

亚里士多德认为自然的运动状态是静止。这符合我们的生活经验：没有外力干扰的东西好像都是静止不动的。

但是后来伽利略和牛顿说不对，力并不是让物体运动的原因，力其实是改变物体运动状态的原因。一个物体在光滑的平面上滑动，如果没有任何摩擦力干扰，它就会一直这样运动下去。所以匀速直线运动和静止没有区别，它们都是自然运动。

现在爱因斯坦表示，一切沿着测地线的运动，都是自然运动。

可以想象，太空中一个周围非常空旷、没有任何星体的地方，这里的时空是平直的，测地线是完美的直线，所以沿着测地线运动正好就是匀速直线运动。

如果时空是弯曲的，宇航员就会绕着地球转，失控的电梯就会直接掉下去，这两个运动其实都是自由落体运动，都是非常本分地沿着自己的测地线运动！所以它们虽然有加速度，但是仍然是自然运动。

自由落体运动，跟匀速直线运动，跟静止，没有本质区别。你在一个封闭的实验室里不管做什么实验，都无法把它们区别开来。爱因斯坦表示它们是一回事儿，都是沿着测地线运动，都是自然运动。

反过来说，你站在地面不动，站一会儿就累了，这其实是一种不自然的运动。你本来想沿着测地线往下掉，可是地板阻止了你。想要体验真正的自由，你应该做一个……自由落体运动。

为什么引力质量正好等于惯性质量，为什么一轻一重两个铁球会同时着地？现在广义相对论给这个巧合提供了一个解释：因为只要质量没有大到能跟地球相提并论、足以显著影响周围时空的形状的程度，测地线就只跟物体的初始速度有关，跟质量无关！

回头再看上篇文章中讲的两个思想实验。不管你是在加速的火箭上还是站在地面不动，都有一个外力在阻止你沿着测地线走，所以它们是一样的。无论是在地球附近自由落体，还是在太空中空旷、没有任何星体的地方做匀速直线运动，都是沿着本地的测地线的自然运动，所以它们也是一样的。

只要你接受时空尺寸是相对的，你就能接受狭义相对论。只要你接受时空可以弯曲，你就能接受广义相对论。接受了时空的这两个性质，光速为什么不变、惯性质量为什么等于引力质量、引力到底是不是真实的存在……这些问题就不用再纠结了。

所以，相对论是个简单理论，它只是非常深刻。其实我觉得广义相对论比狭义相对论还容易理解，它只是非常美丽。

也许下次看见鲸鱼的时候，你可以想起广义相对论。

# 爱因斯坦不可能这么幸运

　　美国物理学家约翰·惠勒（John Wheeler）是费曼的博士导师，也是"黑洞"这个概念的提出者。惠勒对量子力学曾有这样一个评论——我们接触量子力学的感觉，就好像是一个从边远地区来的人第一次看见汽车。他会觉得汽车这个东西显然是有用的，而且肯定有重要的用处，可到底是什么用处呢？

　　我猜你第一次听说广义相对论也会有同样的感觉。广义相对论的思想跟牛顿引力公式是如此的不同，这个理论是如此的精妙，它肯定有深刻的内涵，可到底是什么内涵呢？要知道就算你要登陆火星，牛顿力学也足够精确了。

爱因斯坦在1915年发表了广义相对论。这时候物理学家们已经普遍承认相对论的价值，但是爱因斯坦在公众眼中并没有什么声望。爱因斯坦就好像是一个互联网圈的创业者，每个了解他的人都承认他的想法是颠覆性的，能"改变世界"，但是没人知道他的公司应该有多大的估值，他还从来没在市场上赚到过钱。

不过爱因斯坦不用等太久。1916年，爱因斯坦提出，有三件事能证明广义相对论是对的，牛顿力学是不那么对的。我们先说其中两件。

## ① 水星进动

我们知道行星都在绕着太阳公转。如果你还记得高中物理，应该知道行星公转的轨道通常不是标准的圆形，而是椭圆形。椭圆有一个长轴和一个短

轴，太阳在椭圆的一个焦点上。行星们就这么兢兢业业地、年复一年地沿着自己的椭圆轨道运动。（如图 30）

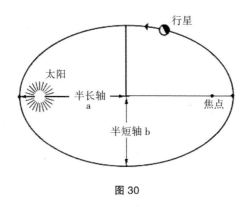

**图 30**

牛顿力学告诉我们，相对于太阳，这些椭圆轨道的位置是固定的。

按天文的标准，太阳的质量不算太大，整个太阳系内部的引力都不算太强。而只要引力不是特别强，广义相对论的计算结果跟牛顿力学都高度吻合，也是一样的椭圆轨道。但是广义相对论有个很微妙的性质——用广义相对论算出来的椭圆轨道，并不是真正闭合的。

也就是说，行星公转一圈之后并不是恰好回到原来的出发点，会有一个小小的偏移！具体表现出来，就是椭圆轨道并不是完全固定的，每一圈都跟前一圈有个小小的差别。椭圆的长轴，会有一个慢慢的转动——物理学家称之为"进动"。

图 31 中最下面一个椭圆代表牛顿力学计算出的行星轨道，其他的线代表有进动的行星轨道——

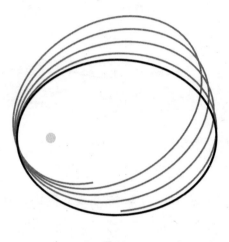

图 31

但是行星轨道的进动通常都非常非常小，几乎无法观测。

不过，天文学家早在 1859 年就观测到，太阳系里距离太阳最近的行星水星，一直都有一个进动。

19 世纪的天文学家已经在很大程度上解释了水星的进动。因为水星附近还有其他行星，比如金星和地球，这些行星对水星也有引力，会干扰水星的轨道。天文学家精确计算了这些干扰，最后只剩下一点点进动，可以说是牛顿力学无法解释的。

这一点点有多大呢？是每 100 年进动 43 弧秒。这是什么概念呢？我们知道圆周有 360 度，一度分为 60 弧分，一弧分分为 60 弧秒。100 年 43 弧秒，这是一个几乎无法察觉的差距。但是天文学家对自己的计算非常有把握，他们认定，这 43 弧秒需要一个解释。

结果 1916 年，爱因斯坦进行了一个计算，最终得出，因为广义相对论效应导致的水星轨道的进动……正好是每 100 年 43 弧秒！

## ② 光线弯曲

水星进动这个证据好是好，但是大多数普通人不容易理解。爱因斯坦提出的第二个证据，就非常直观了。

广义相对论要求时空可以是弯曲的，一切物体都要沿着时空中的测地线走——一切物体，其中就包括了光。如果这个地方的测地线是弯曲的，那么光线也会是弯曲的。比如如果这里有一个大质量的星球，那么远方的星光经过这个星球附近的时候，就可能发生偏折。

这件事在牛顿力学中可是绝对不存在的，人们一直都认为光在真空中永远走直线。

不过如果把牛顿引力公式和狭义相对论放在一起，其实也能预言光线的弯曲。狭义相对论说质量就是能量，反过来也可以说能量就是质量。光没有静止质量，但是有能量——如果我们强行用光子的能量除以 $c^2$，也会得到一个光子的"运动质量"，就好像是一个有质量的物体一样。

既然有质量，就应该能感受到引力，牛顿引力理论就足以给它一个偏转——就好像彗星掠过地球一样。

这么说的话，广义相对论还有什么用呢？所幸，广义相对论预言的光线偏转，是"牛顿引力 + 狭义相对论"预言结果的两倍！

这样我们就有了三个直截了当的说法——

（1）牛顿力学：光永远走直线；

（2）牛顿引力公式 + 狭义相对论：光线会被偏转，但偏转的程度较小；

（3）广义相对论：光线会被偏转，而且偏转的程度较大。

所以现在只差一个观测验证，就可以证明广义相对论的正确性。可是去哪里找能让光线明显偏转的大质量的星球呢？月亮经常跟星星在一起，但是月亮的引力太小，偏转星光的效应看不出来，其他大质量星球都距离我们太远。当时的天文学家唯一能指望的就是太阳。

比如从地球上看，太阳的背后方向有一颗星，它到地球的星光如果走直线的话会被太阳挡住，我们根本看不到。但是因为相对论效应，如果星光有一个偏转，那我们就能看见这颗星，不就能证明相对论的正确性了吗？

这个思路好是好，可问题在于太阳太亮，它周围的星光都被掩盖了。但是天文学家想到了一个极端的情况——日全食。

日全食的时候，月亮会挡住太阳光，使我们能看见太阳周围的星光。如果事先算一算这时有哪些星星应该在太阳背后，我们本来应该看不见，结果却在太阳周围看见它们了，这不就说明太阳弯曲了星光的路线吗？（如图32）

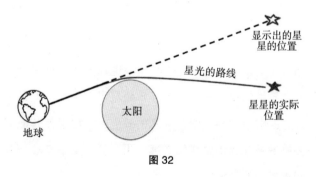

图 32

爱因斯坦在 1916 年计算出光线弯曲的正确结果，1919 年 5 月 29 日，就有一次日全食。那时第一次世界大战刚结束不久,英国天文学家爱丁顿(Eddington)为了验证广义相对论,专门说服英国政府给了一笔经费,组织了两个观测团队,一个去巴西,一个去非洲专门观测这次日全食。

结果爱丁顿的团队就真的看到了原本不该出现在太阳周围的几颗星。

爱丁顿在皇家科学院宣读了观测结果,证明广义相对论是正确的。英国《泰晤士报》的报道用了一个通栏标题——《科学革命——关于宇宙的新理论——牛顿思想被推翻!》

爱因斯坦一夜成名。

## ③ 爱因斯坦的运气

现在考察广义相对论被世界接受的这段历史,不得不承认,爱因斯坦的运气实在是太好了。

首先是这次日全食。爱因斯坦的计算结果刚出来三年,就赶上了日全食。我特意查了一下,地球上下一次有日全食得等到 1937 年 6 月 8 日。爱因斯坦动作稍慢一点，或者爱丁顿未能促成这次观测，相对论说不定就得再等 18 年才能被人接受。

其次，这一次日全食发生的时候，太阳周围正好是毕宿星团的星星——这个星团特别亮！再等下一次，就没有这么强的星光让人容易观测到了。

再次，更巧的是，爱丁顿选择的这两个观测地点，在日全食发生前后都是阴雨天气。巴西当天早上还是多云，就在日全食发生的前一分钟，天空中太阳那个位置的云居然散开了，给天文学家开了一小片晴天。非洲的观测地点也有云，也是恰好在日全食期间让太阳露出来了一小会儿。

爱因斯坦要是个中国人，他也许会说一句"天助我也"。

最后，除了天时、地利之外，人和也很重要。如果爱因斯坦是个注重声望的人，他除了感谢爱丁顿还应该感谢《泰晤士报》。"牛顿思想被推翻"这个标题直接把爱因斯坦送上了牛顿之后最伟大的科学家的位置。其他报纸报道这次科学发现，说不定只会将《光线可以被引力弯曲！》作为标题。

我曾经听后来的人分析，爱因斯坦之所以能

在短时间内从"世界上最了不起的物理学家"变成"世界伟人",跟他1921年访问美国的旅程关系很大。美国媒体和美国老百姓都非常喜欢爱因斯坦……不过那时候他们并不怎么了解一般的科学家都是什么样的。

无论如何,爱因斯坦配得上所有这些幸运和荣誉。但我还是想说,爱因斯坦最大的幸运,是他生在了那个时代的欧洲。

天文学家之所以能在1856年(清朝咸丰六年)发现水星进动,是使用了从1697年(清朝康熙三十六年)到1848年约150年间的水星活动记录。这个发现非常非常不容易,要知道水星的轨道几乎就是一个圆形,并不怎么"椭",那些古代的天文学家首先要准确判断这个椭圆的长轴在哪里,还要记录这个长轴的变化。

然后,他们还能精确计算金星和地球引力对水星轨道的影响,最后得出一个非常非常小,但是无比坚定的、跟牛顿力学的差异。而且,那时候可没有什么计算机。

回望相对论的历史,你可能会感叹"爱因斯坦不可能这么幸运！"但是别忘了，幸运是这个宇宙的通行证。

现在广义相对论既然被接受了，我们后面不管讲到它的什么离奇的推论，你都得接受。

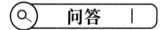

**问答** |

**怀沙：**

万老师，可否讲一下"引力透镜"造成的多重影像问题？我的主要疑问是：既然费马原则要求光"走最短路线"，为什么会有四个光一起走，为什么还会出现"快光"和"慢光"不同到达呢？

**万维钢：**

引力透镜是个非常有意思的现象，而且现在是天文学家观测宇宙的一个常规的工具。我在相对论正文中没有来得及讲，在这里正好讲一下。

我们知道广义相对论认为大质量天体会弯曲它周围的时空，包括光从它附近所走的路径——也就是测地线——也会被弯曲。这就是为什么发生日全食的时候我们能看到实际上是处在太阳背后的星星。

但是太阳的质量还不够大，它对星光的弯曲还不够厉害。使用哈勃空间望远镜这种天体物理学级别的装备，天文学家可以看到更壮丽的光线弯曲。

太阳只是一颗不算太大的恒星。宇宙的大尺度结构是百亿、千亿个恒星组成星系，星系们又组成星系团。在特别遥远的尺度上看，一个星系就好像一颗恒星一样，有一个统一的引力场，能弯曲星系周围的时空。

比如距离地球很远的地方有个巨大的星系或者星系团，我们称它为 A 星系。相对于地球，这个 A 星系背后的一个更远处的星系，我们称它为 B 星系。B 星系所发出的光，就有可能被前面 A 星系弯曲之后，传到地球。（如图 33）

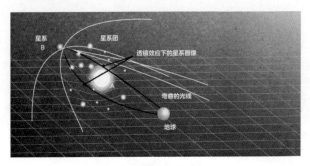

图33

这样我们会在 A 星系旁边看到 B 星系的光。而因为 A 星系把周围时空弯曲得太厉害了，我们看到的不是 B 星系传来的一束光，而是从围绕 A 星系的各个方向分别传来的几束光。

在最理想的情况下，如果 A 星系是个完美的球形，B 星系又恰好在 A 星系背后正中的位置，我们看到的将是 B 星系的光形成了一个围绕着 A 星系的圆环！这个圆环叫做"爱因斯坦环"。（如图 34）

**图 34** [1]

当然一般不会这么巧，A 星系的形状可能不规则，B 星系的位置可能不在正中，但是我们仍然能看到好几束来自 B 星系的光。

有时候，B 星系的光在横向形成一个圆弧形。（如图 35）

**图 35** [2]

更常见的是比较短的"拉伸"。(如图 36)

**图 36** [3]

比如上图下方的方框里，才是 B 星系本来的样子。你可能会经常看到这样的星系照片，它们都是广义相对论的光线弯曲效应。

还有一种有意思的情况叫"爱因斯坦十字"，指的是远方的一个极亮的星星——叫做"类星体"——发出的光，被中间隔着的一个星系弯曲，到达地球。因为星系不规则的形状和这个类星体的位置，我们看到的是围绕星系有这个类星体的四个图像，形成一个十字形。(如图 37)

**图 37** [4]

所有这些现象都叫做"引力透镜效应"。引力透镜是广义相对论送给天文学家的礼物。远方的星体和星系通过透镜成像，就好像有个望远镜一样，让我们把它们看得更清楚。

通过光线弯曲的不同情况，天文学家可以了解中间那个星系的信息。比如如果这个星系的可见物质只有这么多，可是它把光线弯曲得特别厉害，那么，我们就可以推测，这个星系中存在大量的暗物质。

现在回到问题。为什么远方星体会有好几束光分别到达地球，为什么不是只走最短的路线呢？答案是每一束光走的都是最短的路线——但是是它**本地**最短的路线。比如一个类星体的光既会到达中间那个星系的左边，也会到达那个星系的右边、上边和下边，这几束光已经分开了，只不过因为星系空间的弯曲，被再次汇聚到了地球这里。这是实实在在的几条路线。这种情况跟用放大镜汇聚太阳光完全一样，不同路线的光线会汇聚到一起。

而对比之下，费马所说的"走最短路线"，是在"所有**可能**的路线"——而不是实实在在已经发生的路线——之中走了最短的一条。这种比较是数学上的比较，让人感觉光好像有思想一样，先都走一遍看看哪个路线最短，然后别的不走了，只走最短的。但那只是一个"相当于"而已，是个数学上的虚拟的比较。我们完全可以把费马原则理解成，光在临近的路径之中选择了测地线。

引力透镜则是光在中间星系周围的每个邻近区域都有一条本地的测地线，这些测地线的长短不一，光通过这些测地线分别到达地球。

　　还有一个有意思的问题是，为什么我们在日食的时候只看到太阳弯曲的一束星光，而不是爱因斯坦环和爱因斯坦十字呢？答案是因为太阳离我们太近了！换个地方弯曲，光线就会相差很远，在地球上就看不到了。引力透镜要求中间的星系差不多要处在远方星体和地球位置的中间才行。

# 黑洞边上的诗意

每隔四年就会产生一个"世界杯"足球赛冠军和一大堆奥运会金牌，每年都会有十几个人获得诺贝尔奖。而有些英雄壮举，在人类文明的历史上只可能发生一次。

1610年，也就是明朝万历三十八年，伽利略用六个星期写成了一本书，叫做《星空信使》。这本书介绍了伽利略用世界上第一台望远镜看到的东西。他告诉人们，天上有无数颗距离地球很远的恒星、月球上有山、木星有自己的卫星、金星有相位、太阳有黑子——这些证据表明太阳可能只是一颗普通的恒星，我们看到的行星都是绕着太阳转的。

而当时的人都以为一切天体都是绕着地球转的光滑球体。要论一本书改变人的宇宙观，没有哪一本能超过《星空信使》。

广义相对论在 1919 年之后很快就成了天文学家的常规工具。它比望远镜复杂得多，带来的天文发现是一个一个慢慢冒出来的。

但是，广义相对论告诉我们关于这个宇宙的消息，像《星空信使》一样令人震撼。比如黑洞。黑洞有什么神奇之处呢？我们会从广义相对论最基本的假设出发，一步一步推导出一个让人不敢想象，但是又充满诗意的情境。

## ① 红移和蓝移

广义相对论中也有时间膨胀效应。空间弯曲得厉害，也就是引力场强的地方的时间，会比引力场弱的地方慢一些。用老百姓的话说，就是高处的时间会比我们在地面上的时间快一些。

　　要想理解这一点，首先你要知道物理学中有一个现象叫做"多普勒效应"。接下来的推理过程非常有意思，不要错过爱因斯坦的精妙思想！

　　多普勒效应是指，一个波如果是向你而来的，因为波相对于你的每一个周期都变短了一点，它的频率就会提高；如果它是离你而去的，频率就会降低。比如一辆火车向你开过来，你听它的汽笛声会更尖锐一些；火车离你而去，汽笛声就会变低沉。

　　光波也是这样。我们现在知道光的速度是不变的——但是光的频率可以变。如果发光点在向你而来，光的频率就显得更高一些，具体表现为你看到的光的颜色会变得更蓝一点，这叫做"蓝移"。而如果发光点在离你而去，光的频率就会变低，表现在颜色上就会发红，叫做"红移"。

　　天文学家正是通过红移和蓝移，来判断宇宙中哪些星星在离地球而去，哪些正朝着地球飞来。

　　在这里分享一个物理学家喜欢的冷笑话。美国物理学会曾经做了一个红色的汽车保险杠贴纸，上面写着"如果你发现这张贴纸是蓝色的，那你就开得太快了"。

总而言之，你可以通过光的颜色变化判断光源和你之间的相对速度关系。

## ② 引力红移

现在我们回到前文提到的那个在自由落体的电梯里的思想实验。我们想象，电梯从地板向天棚射出了一束光。下面考虑两个场景。

场景一，电梯处在一个没有任何引力的空间里，它在进行自由自在的匀速直线运动。那可以想象，这束光应该既没有红移，也没有蓝移，就是本来的样子。

场景二，电梯在地球的引力场中做自由落体运动，它有一个从上到下的加速度。这时天棚就会加速冲向那一束刚刚离开了地板的光波。当然，天棚看到的光速还是一样的——但是，天棚会觉察到这束光有一个蓝移。

这就有问题了。根据等效原理，场景一和场景二的电梯里的物理学应该完全一样，应该是不管做什么实验都不会发现二者有什么区别。那场景二的蓝移是怎么回事儿呢？

一般人可能会说："这说明等效原理不对。"——所以一般人不是爱因斯坦。爱因斯坦非常相信等效原理。

所以爱因斯坦说，场景二也应该看不到光的蓝移。为了做到这一点，场景二中的引力场，必须提供一个红移，去抵消加速运动带来的光的蓝移！

为此，爱因斯坦要求引力场——或者说弯曲的时空——必须具备一个性质：它必须带有红移！这就是"引力红移"。

也就是说，身处引力场中，从高处看星体发出来的光，会有一个天然的红移。这就表示，同样一束光，我站在高空中看，会觉得它的频率变慢了。而这就意味着，如果你在地面做什么事情，我在高空看你，会觉得你是在做慢动作。而你在地面看我，会觉得我是在做快动作。也就是说，你总是比我慢。这也就意味着引力能导致时间膨胀。

引力红移在地面附近导致的时间膨胀和高度成正比，距离地面越高的地方时间过得越快。

这个效应精确到什么程度呢？将两个对好了表的原子钟，一个放在地面，一个放在几十米高的楼上，你都能发它们走时的区别。因为巴黎和伦敦的海拔高度不同，它们的时间每天相差 1 纳秒！物理学家还曾经把卫星发射到太阳附近验证广义相对论的时间膨胀效应，结果跟理论非常吻合。GPS 卫星距离地面很远，时间膨胀效应很强，所以计算时间必须考虑到广义相对论的修正。没有这个修正，定位精度就会差出十几公里。

如此说来，生活在山顶的人，要比生活在山脚下的人老得快一些。说到这里，我们前文提到的经常在天上飞的飞行员和空姐会因为高速运动比我们年轻一点，就不一定是事实了——这取决于高速运动变年轻和飞得高变老这两个效应哪个更强。美国国家标准技术研究所的科学家做过的研究表示，哪怕每小时 40 公里的速度，或者 30 厘米的高度，都足以对原子钟产生可测量的影响——而对普通航班来说，高度的影响比速度的影响略大一点点。一个飞行了 1000 万英里（约为 1600 万公里）的人，也就比地面上的人老 0.059 秒。[1]

当然所有这些效应在地球上、包括在整个太阳系中都是不明显的，你完全不必为生活在一个高海拔地区而感到难过。其实，就连太阳的引力都不算强。

## ③ 黑洞

根据广义相对论，一个星体的质量越大、自身的尺寸越小，它对周围空间弯曲的程度就越厉害。所谓"黑洞"，就是它把周围空间弯曲得实在是太厉害了，以至于连光线都无法从里面出来。

从外面看，黑洞本身是一个黑黑的洞。但是如果黑洞附近有其他物质，比如星际间的气体或者带电的粒子，你会看到它周围有一个光圈。那些光来自带电粒子加速运动产生的辐射。

图 38 表现了普通恒星、质量大体积小的中子星和黑洞对时空的弯曲程度。

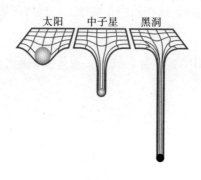

太阳　中子星　黑洞

**图 38**

有关黑洞的知识，像霍金的《时间简史》这类书曾经讲了很多。但是你需要知道一个概念："事件视界"（event horizon）。所谓事件视界，就是分隔黑洞内外的一条界线。事件视界以外，至少光还可以离开黑洞；而不管什么东西一旦进入事件视界，就再也不能逃脱黑洞了。（如图 39）

现在我们来思考一件特别有诗意的事情——其他地方不会带给你这样的感受：掉入黑洞，是一种什么样的体验？比如你前往黑洞，我坐在远处的太空船里看着你。

因为强烈的时间膨胀效应，当你接近黑洞的时候，我会看到你的动作变得越来越慢。你会比我老得慢！

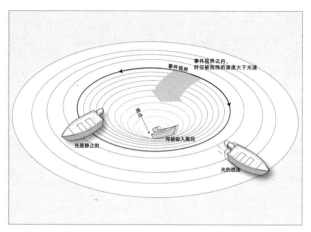

**图 39**

接近黑洞不一定就会掉进黑洞里。事实上因为黑洞的尺寸往往比较小，想掉进去也不容易。你完全可以把黑洞当做一颗普通的行星，绕着黑洞转几圈，你完全是自由落体运动，不会感到任何不适。但是因为黑洞引力场太强，把时空弯曲得太厉害，所以你转的这几圈，在我眼中可就太漫长了。如果你转两圈回来找我，可能我就已经老死了，而你归来仍是少年。

但是如果你觉得在外围转两圈不过瘾，想进

入事件视界看看黑洞里面是什么情况，那可就麻烦了。

**在事件视界上，你的时间膨胀将会达到无穷大。**

也就是说，当你跌入黑洞的时候，我看到的是你越走越慢、越走越慢，最后你的身影将永远停留在事件视界上。我感觉你在那儿再也不动了……你那一刻的形象永远都保留在我的世界中。你那一瞬间，是我的永恒。

但是时间膨胀是相对于我而言的，你自己不会感觉到这一点，你只会自然地跌入黑洞中。经过事件视界的那一刻，你不会有任何异样的感觉。黑洞并没有在边界线上给你举行欢迎仪式，你看到的黑洞内部也可以有光线，你眼中的事件视界内外没有什么区别。

然而这是一条有去无回的路，你将会被黑洞杀死，但你不是撞到地面摔死的。黑洞把空间弯曲得太厉害，以至于你身体下半部分的引力会比身体上半部分的引力强很多，这个差异会把你撕裂……

我们无法直接观测到黑洞，但是我们可以从黑洞附近的星体运动方式判断它的存在。天文学家已经有充分的证据，在宇宙中找到了很多个黑洞。

有关黑洞的知识都是其他物理学家研究出来的，爱因斯坦没有回头看相对论带来的这场爆炸。他只想做最重要的研究，我们下一篇文章再讲。

**童馨:**

日光是白光，而我们看太阳感受到的是红色，这也是由太阳引力带来的红移效应吗?

**顾昱晓:**

宇宙膨胀带来星星红移的效应和广义相对论带来的红移的效应，哪个更强一些?

**万维钢:**

太阳的引力红移是非常小的，我们不可能

用肉眼观测到——事实上,在广义相对论被发现之前,科学家就通过比较太阳光谱和地面上各种元素的光谱来确定组成太阳的物质成分,他们并没有发现太阳光有红移。我们在朝阳和夕阳中看到太阳光是红色的,那是光线穿过地球大气被散射的缘故。

我们说"红移",意思仅仅是光的频率变低了一点点——是在光谱上往红光的方向上移动了一点点,可不是说颜色变成了红色。引力红移是个短程的、本地化效应。即使引力场再强,过一段距离之后,红移就到此为止。

但宇宙膨胀带来的红移则是大尺度的效应,距离我们越远的天体的红移就越厉害,大大超过引力红移。如果我们看到有一颗星星的光谱有红移,那基本上都是因为它正在远离我们而去,而不是因为它的引力场很强。

# 爱因斯坦的愿望

你做没做过那种特别厉害的事？比如在一场关键篮球比赛中投入绝杀球，在公司的一次重大决策中力排众议做出正确选择，用一个充满个人风格的表演征服观众。如果你做过一次这样的事，就会想再做一次。而如果你已经做过两次，就会认为这是你唯一该做的事。

爱因斯坦用狭义相对论改变了世人的世界观，然后用广义相对论再一次改变了世人的世界观。这样的事他做过好几次。也许征服物理学的世界，就是爱因斯坦唯一该做的事。

十多年前流行的一本叫做《创新者的窘境》（*The Innovator's Dilemma*）的书中，讲过这样一个道理。一个因为坚持了某种理念而获得成功的公司，往往会执着于这个理念。这个理念本来是一个创新，曾经给企业带来了巨大的成功。但是到了后来，它往往又会成为包袱，阻碍企业尝试新的创新。

所以，我们到底应该坚持，还是不应该坚持理念呢？我认为，任何号称能给这个问题提供解决方案的人都是骗子。因为这里没有可以机械化操作的方法，你只能自己选择。

关于相对论的相关知识，已经接近尾声。相对论的发现旅程，即使在物理学家中都是绝无仅有的，这是一个充满爱因斯坦个人风格的探索。总的来说，这个风格有两个特点——

第一点，要统一。爱因斯坦总是想用一个"更一般"，或者说"更广义"的理论、几个最基本的原则统一描述看似完全不同的物理现象。

第二点，要决断。只要你相信最初的原则是

对的，那不管推导出什么离奇的结果，都只能接受。就算当时的实验条件验证不了，将来总有人能验证。

我觉得这两点简直可以叫"爱因斯坦主义"。可是爱因斯坦应不应该坚持自己的主义呢？

## 宇宙的命运问题

有了广义相对论的引力场方程（前文提及：$G_{\mu\nu} \equiv R_{\mu\nu} - \dfrac{1}{2} R g_{\mu\nu} = \dfrac{8\pi G}{c^4} T_{\mu\nu}$），爱因斯坦就要做一件有史以来气魄最大的事情：他要对整个宇宙求解。

在广义相对论的视角下，宇宙无非就是物质和时空。我们想象一片有很多山头的地方，这里突出一块，那里突出一块，每一座山代表大质量星球对时空地形的弯曲。那这么多星球放在如此广阔的时空中，它们在整体上会有一个什么样的行为呢？

答案取决于这个宇宙中物质密度的大小。引力场方程解出来的宇宙大尺度时空，可以有三种情况。

如果宇宙中的物质密度比较大，那么引力场就会比较强，整个大尺度时空的形状就会是蜷缩着的，用数学语言来说就是曲率是正的，好像一个球面。

如果物质密度比较小，那么引力场就会比较弱，时空的形状就是伸展开的，曲率为负，就像一个马鞍形。

如果物质的密度不大不小，那么时空的形状就在大尺度上是平直的，曲率正好等于 0。图 40 表现了这三个解的时空形状——

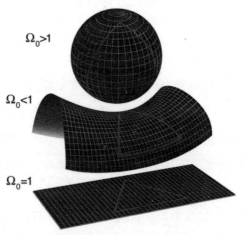

图 40（图中 $\Omega_0$ 代表宇宙中物质的密度）[1]

但是这三个解都有大问题。如果宇宙的曲率是正的，时空就会不断收缩；如果曲率是负的或者是0，时空就会不断膨胀——不管怎么说，引力场方程解出来的宇宙时空都不会是静态的。

这完全违背了当时人们的宇宙观。人们认为人可以有生有死、地球和太阳都可以毁灭，但宇宙本身，应该是永恒不变的。

这一次，爱因斯坦手软了，他做了一件不符合自己风格的事。爱因斯坦为了让结果符合传统的观念，修改了自己的理论。他给引力场方程增加了一项，就是带有希腊字母 $\Lambda$ 的那一项。

$$\left( R_\alpha^\beta - \frac{1}{2} g_\alpha^\beta R \right) + \Lambda g_\alpha^\beta = \frac{8\pi G}{c^4} T_\alpha^\beta$$

爱因斯坦把 $\Lambda$ 称为"宇宙常数"。他也不知道宇宙常数有什么物理意义，这一项的存在只是为了提供一个静态的宇宙解。好在就算多了这一项，广义相对论在任何局部的计算结果还是一样的。

然而十几年之后，天文学家哈勃（Hubble）系统性地观测远方的星体，发现这些星体发出的光谱都有一个红移——也就是说，远方的星星都在离我们而去！对此只有一个解释，那就是宇宙正在膨胀。宇宙确实不是静态的！

爱因斯坦后悔不已。他原本有机会提前算出宇宙在膨胀，可是他手软了，没有坚持做自己。爱因斯坦说，这是他一生最大的错误。

可坚持就一定是对的吗？

## ② 量子力学和统一理论

在广义相对论带来宇宙学革命的同时，物理学的另一个阵地正在展开一场同样重大、同样震撼，甚至可能更加不可思议的革命，那就是量子力学。

其实爱因斯坦还是量子力学的开创者。爱因斯坦第一个提出光并不像水流一样连续流动，而是一小份一小份的"光子"——爱因斯坦也正是因为这个学说获得了诺贝尔奖，这也是人们第一次知道"量子"这个概念。

所谓"量子"，就是不连续变化的、一小份一小份的东西。物理学家玻尔（Bohr）一开始完全不能接受"量子"这个概念，光怎么可能不连续流动呢？但是后来玻尔接受了，而且成了量子理论最坚定的传道者。

玻尔进一步提出，原子中电子的轨道也是"量子"的——电子只能从一个轨道突然跳跃到另一个轨道，而不经过什么"中间地带"。

这一次，轮到爱因斯坦不能接受这个理论。爱因斯坦无法相信有什么东西能在时空中跳跃。

相对论认为时空的尺寸可以是相对的，时空的形状可以是弯曲的，可是这毕竟尊重了时空本身的存在，不能说一个东西本来在这里，突然又出现在那里！

但是量子力学的革命仍然在继续。物理学家又发现，一个粒子可以同时穿过两个缝隙，可以既在这里、又在那里——现在连"位置"和"速度"这些最基本的东西都靠不住了。

爱因斯坦拒绝接受。

量子力学还表示，世界上有些事情是完全随机发生的，物理学再精确，也不可能对其做出预言——在量子力学的世界里没有确定性，只能谈概率……

爱因斯坦已经忍无可忍，他说："上帝不会掷骰子！"

你大概听说过"索尔维会议"，这是当时世界上最厉害的物理学家的集会，召开过很多次。就在这些索尔维会议上，爱因斯坦跟支持量子力学的物理学家展开了一次又一次的论战。有时候爱因斯坦白天提出一个思想实验证明量子力学的结论不对，玻尔会苦思一晚上，第二天指出爱因斯坦推理的漏洞。

……

物理学的历史最终站在了量子力学一边。到1930年代，几乎所有主流物理学家都接受了量子力学——正如他们都接受了广义相对论。爱因斯坦陷入了孤立。

可是广义相对论和量子力学之间存在根本的矛盾。广义相对论认为时空是连续的，只要选定了坐标系，位置和速度就都是唯一的，广义相对论认为物理定律完全可以计算一切运动——而量子力学正好相反。

物理学再次陷入危机。或者，只有爱因斯坦觉得那是一个危机。毕竟广义相对论是大尺度的理论，而量子力学研究的是微观的世界。别的物理学家都认为这个矛盾可以先搁置，目前井水不犯河水……

可是爱因斯坦如果能坐视这个矛盾不理，他就不是爱因斯坦了。他多么希望自己能再一次看破红尘，再一次开拓疆域，得到一个统一理论，告诉世人宏观和微观其实是一回事儿……

一直到 1955 年离世，他也未能做到。

## ③ 英雄

我以前读过一部科幻小说，说爱因斯坦晚年其实已经发现了统一理论，但是因为这个理论能带来不可思议的力量，他决定对世人保密，只告诉了自己的四个学生。后来多方势力争夺爱因斯坦的统一理论，导致他的四个学生全部被杀。

可惜那只是小说家对爱因斯坦的美好祝愿。

事实是爱因斯坦不可能得到统一理论，粒子物理学在爱因斯坦去世之后取得了突飞猛进的发展。1970 年代，物理学家把电磁相互作用、弱相互作用和强相互作用这三个除了引力之外的自然界基本力统一起来了。爱因斯坦活着的时候还没有这些知识，他还不知道那些微观世界的实验结果。

爱因斯坦在 1933 年定居美国，担任普林斯顿高等研究院的教授。他脱离了物理学研究的主流，把所有立功的机会都让给别人，自己坚持去做那个不可能完成的任务。

他逐渐变得离群索居，慢慢疏远了同事和家人。好在后来普林斯顿来了一位年轻的逻辑学家，库尔特·哥德尔（Kurt Gödel）——就是提出"哥德尔不完备性定理"的哥德尔，跟爱因斯坦成了忘年交。

爱因斯坦说他每天之所以还去高等研究院上班，就是为了拥有跟哥德尔一起上下班的荣幸。两人在上下班的路上谈论物理、哲学和政治。爱因斯坦能跟哥德尔聊到一起，可能是因为哥德尔也相信宇宙是精密数学的产物，他同样鄙视量子力学。有同事回忆说，爱因斯坦和哥德尔这两个人只在一起聊天，他们都不愿意跟我们聊。

\*\*\*

有时候想想，爱因斯坦和牛顿大约是人类历史上最厉害的两个科学家，但是他们有一个很大的区别。

牛顿面对同时代的科学家非常傲慢，谁都看不起，但是牛顿对大自然充满敬畏。牛顿说，我只不过是在海边玩耍的一个小孩子，偶尔发现了几个漂亮的贝壳，但是我背后，我没看到的，却是真理的汪洋大海。

爱因斯坦正好相反。爱因斯坦是个非常谦逊的人，他从来不跟同辈的科学家争名夺利——但是爱因斯坦对大自然充满了雄心壮志，他认为自己一个人就能发现终极真理！

***

76 岁这一年，爱因斯坦因为腹主动脉瘤破裂引起内出血，被送到医院。这不是什么疑难杂症，医生建议马上手术。但是爱因斯坦拒绝了。爱因斯坦说："当我想要离去的时候请让我离去，一味地延长生命是毫无意义的。我已经完成了我该做的。现在是该离去的时候了，我要优雅地离去。"

爱因斯坦去世后，哥德尔奉命整理他的办公室。哥德尔看到黑板墙上写着几个公式。

那些公式不会得到任何东西，是个死胡同。

## Ｑ 问答 ｜

**陈春：**

记得经济学家说过，他认为所有的学问，有两样一定要了解，一门是物理学——无人的世界；一门是经济学——有人的世界。但是我脑子里一直在盘旋一个问题：这人，他不也是从无人的世界里演化出来的吗？而且现在物理学已经发展到量子力学了，就加入了观察者这个角色的作用了。所以，是不是可以说，量子力学统一了有人和无人的世界？

**万维钢：**

有一些物理学家认为人可以影响量子力学效应，但这绝不是说量子力学能解释人的行为。人的行为，和组成人的基本粒子的物理学，是不同层面的问题。

爱德华·阿什福德·李（Edward Ashford Lee）在 *Plato and the Nerd*（《柏拉图和技术呆子》）这书中介绍过一个"分层"的思想。逻辑门都是由晶体管组成的，CPU（中央处理器）是由逻辑门组成的，程序是 CPU 的操作，人工智能是程序实现算法——但是理解晶体管，可不一定就理解人工智能。每跨越一个层级，就是完全不同的原理。

这个现象也叫"涌现"——东西多了，它

们就会表现出某种更宏观的、更高层面的逻辑。

量子力学能解释基本粒子的行为，但就算你完全掌握量子力学的计算方法，也解释不了一个单细胞生物是怎么运作的。这是因为从基本粒子到单细胞生物中间隔着很多层，一个单细胞生物是由无数个基本粒子组成的，你不可能一个粒子一个粒子地计算，那个运算量是不可接受的。你甚至连10个基本粒子的互动都算不过来，因为太复杂了。

你只能暂时忘记基本粒子，重新总结一些更宏观的规律。

所以就算有朝一日我们找到了物理学的统一理论，也不能说这个世界上就没有新的学问可以研究了，不同层面有不同层面的学问。

一个有意思的问题是，既然经济学是研究人的，而人比基本粒子要复杂得多，那为什么经济学的理论都比较简单呢？答案是因为这些理论都比较粗糙。这是没有办法的办法，你不可能从第一性原理出发推导整个经济学，只能人为地建立一些做了大量近似的模型而已。

说到这里有个笑话——好像出自一位英国经济学家。一个物理学家、一个工程师和一个经济学家被困在了沙漠里，他们只剩下了一个铁盒的罐头，可是不知道怎么才能打开吃。物理学家建议把罐头放在火上烤，烤热了铁盒就会炸开。工程师说："你疯了吗？那样罐头就会炸得到处都是，我们还吃什么呢？我们应该找个什么铁片撬开它。"

经济学家说："这可是沙漠！上哪儿找铁片去？我看这么着，咱们先**假设**我们有个开罐头的起子……"

**杨开帅：**

请问万老师，广义相对论是不是只适用于事件视界以外的宇宙空间？

**石榴哥：**

好几次了解到，有科学家从广义相对论解出某些结果，请问老师，以后会不会还不断有人从相对论的数学公式中解出新的结果呢？

**万维钢：**

广义相对论也适用于黑洞事件视界之内的地方，但并不一定适用于整个黑洞。在黑洞的中心，可能会存在一个质量密度非常非常大、同时尺度又非常非常小的"奇点"，在这个奇点上，广义相对论会失效。

一般来说，广义相对论研究引力比较强、尺度比较大的物理学。量子力学研究引力比较小、尺度也比较小的物理学。通常它们井水不犯河水，但是黑洞的奇点这个地方，却是引力比较大，尺度又比较小，所以广义相对论和量子力学有可能同时失效。

英国物理学家彭罗斯把广义相对论用于黑洞内部，得到有关奇点的理论。而霍金，则把这个理论用于早期宇宙，并且推算出宇宙起源于一个奇点。所以广义相对论是个鲜活的理论，你可以对各种情况求解。

# 相对中的绝对

如是我闻。一时我佛爱因斯坦在普林斯顿，为哥德尔讲相对论。

哥德尔从引力场方程中发现了一个不同于前人的、关于整个宇宙的解。根据这个解，宇宙的时空是旋转的——每个人抬头看漫天的星斗都在绕着自己转，而且如果一个人能沿着一个方向走足够长的路程，他不但能回到自己出发的位置，而且能回到自己出发的时刻。

哥德尔算出了一个在时间上循环的宇宙。这个解不一定违反因果关系——循环不等于穿越，你可能还是改变不了历史——但是如果所谓的"过去"还可以再次发生，那它还是过去吗？如果时间能循环，那时间还是时间吗？

爱因斯坦不喜欢这个解，事实上我们这个宇宙的观测证据也不支持这个解，但是哥德尔有一个洞见。

哥德尔表示，我们的宇宙是不是这样的不重要。关键在于有一个宇宙可以是这样的。而既然相对论的一个合法的解里，时间流逝是一个幻觉，那就说明，在所有的宇宙中，时间流逝都是幻觉。

相对论已经介绍完了，这篇文章讲一讲我们能从相对论中得到什么。比如哥德尔所说的，其实是客观实在应该与视角无关。

## ① 一切都是相对的吗？

时间可以膨胀，长度可以收缩，时空可以弯曲，你的同时不一定是我的同时。被相对论颠覆了这么多次，人可能会陷入一种虚无主义。

还有什么概念是不会被颠覆的？也许世界上的一切都是相对的。也许我唯一知道的就是我一无所知……

千万别这样。这和有些女孩失恋几次之后就说"男人没一个好东西"是一样的，这是气话。我们学习科学不是为了证明自己一无所知，而是要知道自己知道。

相对论可不是说一切都是相对的，它只是说坐标系是相对的。你可以将坐标系理解成"视角"。

物理学家埃德温·弗洛里曼·泰勒（Edwin Floriman Taylor）和约翰·惠勒打过这样一个比方。

现在有个小镇，请了两位绘图员来绘制小镇的地图。第一位绘图员用指南针确定方向，以罗盘上的北方为北方，画了一张地图。第二位绘图员则是用北极星所在的方向为北方，也画了一张地图。

地球磁极和北极星的方向并不一致，可以想见，这两张地图肯定不一样，如果两个人分别拿着两张不同的地图，互相交流起来就比较麻烦。比如小镇中的 A 点代表你家，B 点代表你要去的一个商

店。第一张地图表示，B 点在 A 点向东 4 公里、再
向北 3 公里的地方。而第二张地图表示，B 点是在
A 点向东大约 4.5 公里、再向北 2 公里的地方。B
点和 A 点的方位关系，显然是相对的。（如图 41）

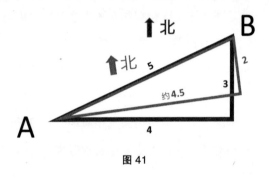

图 41

但是，如果你要问从 A 点到 B 点的直线距离
有多长，那不管你用的是哪张地图，答案都是 5 公
里。这个距离是一个绝对的事实。不管地图的北方
在哪里，只要绘图员没画错，图上两点之间的距离
就是绝对的。

绘图员选择自己的北方，就选择了坐标系，
而坐标系只是各人不同的视角。客观实在是客观
实在。

## ② 不变量

当然，在相对论中连距离都不是绝对的，距离的长短取决于你的坐标系和这段距离之间的相对速度。但是，相对论中也有一些东西跟坐标系无关，是绝对的。

比如"事件"就是绝对的。大家可以对位置和时间有不同的看法，但是事件就是事件。一束光发出来了，哥哥和妹妹见面，不管在哪个坐标系看都是同样的事件。

爱因斯坦在苏黎世联邦理工学院上大学的时候，物理系有个名叫闵可夫斯基（Minkowski）的教授曾经教过爱因斯坦数学。可能爱因斯坦那时候对闵可夫斯基没有深刻的印象，但是后来闵可夫斯基主动学习了相对论，而且研究出一套数学工具，能把相对论的计算变得既简单又美观。

闵可夫斯基研究出的工具叫做"四维矢量"。四维矢量可以让物理量在四维时空中协同变换。把时间当做一维，空间三维，时空的四维矢量就是

（$ct$，$x$，$y$，$z$）。不管是什么坐标系，假设在时空中的两个事件 A 和 B 的"时间间隔"是 $t$，空间三个维度的间隔分别是 $x$、$y$、$z$，那么闵可夫斯基规定，它们的"时空间隔"是：$d^2=c^2t^2-x^2-y^2-z^2$。

这个距离是一个绝对的不变量。不管在什么坐标系中，$d^2$ 的数值都是一样的。

坐标系是各人的视角，不变量，揭示了客观实在。

如果 $d^2>0$，这表示事件 A 和事件 B 之间是一个"类时"间隔——也就是时间意义上的间隔。这就意味着两个事件总是一个先发生，一个后发生，它们在各自的光锥之内，它们之间可以有因果关系。

如果 $d^2<0$，这就是"类空"间隔——事件 A 和事件 B 空间距离太远，不可能存在因果关系。它们不在各自的光锥之内，谁先发生谁后发生是相对的。

还有"类光"间隔，也就是 $d^2=0$，说明光正好可以从事件 A 走到事件 B。

因果关系是个不变量。不变量是相对中的

绝对。

其实爱因斯坦一度想把相对论叫做"不变论"，因为理论的出发点是光速不变。现在我们还知道时空间隔是不变的，静止质量也是不变的——能量和动量都和坐标系有关，但是如果把能量和动量放在一起形成四维矢量，静止质量就是这个四维矢量的不变量。还有电荷与电流，静电势能和矢量势能，其中都蕴含着不变量。

物理学研究的东西，叫做"客观实在"。首先要承认有客观实在才行，不能说什么都是虚幻的。相对论改造了我们的时空观，但是你不能说时空都是幻觉，它只是将时空的含义变得更丰富了而已。

## ③ 相对论带给我们什么

物理学是最解放思想的学问，也是一门仅次于数学的严谨学问。物理学教给我们的精神是既要激进地开放思想，又要激进地审视自己的观念。

先说观念。你必须要学会区分哪些观念是你自己视角下的一个印象，哪些是经过理性推导和观测验证的客观实在。

罗伯特·赖特（Robert Wright）在《为什么佛学是真的》（*Why Buddhism is True*）这本书中提到了关于到底什么叫"色即是空"的一个理解。佛学说的色即是空，意思很可能不是说世间万事万物都是空的——空的不是东西本身，而是你赋予这个东西的**内涵**，也就是你自己的印象。

比如有一朵塑料花，如果你知道这朵花曾经被某个名人戴过，它背后拥有的故事，你就会赋予这朵花一个特殊的内涵，你觉得它特别珍贵。这个内涵就是相对的，是你主观视角下的主观看法。换个坐标系，哪怕请专家对这朵花做技术鉴定，他也不会觉得有什么特别之处，可能还会觉得这朵花不怎么好看。

爱因斯坦说，如果引力是真实的存在，怎么可能在一个坐标系下有，在另一个坐标系下没有呢？我们可以说引力是个幻觉，也就可以说每个人赋予这朵花的内涵都是空的。

这朵花的存在是绝对的，但是人们对花的印象是相对的。

我们介绍相对论的过程中总爱问：这是相对于谁的？借鉴这一点，当你产生一种强烈观点的时候，你也应该提醒自己，这是相对于我的。

比如用相对论观看一场足球赛。裁判判罚我方球员，你可能会觉得裁判这次判罚不公平，可是对方球迷却可能认为裁判只有这次判罚才公平。当你宣称我方球员犯规是为了国家的胜利，国际比赛就不用讲规矩的时候，希望你能保留一点钻研相对论的习惯，问问如果是在对方的坐标系下，这些行为应该怎么看待。当你宣称大家都是各为其主，这个世界上根本就没有绝对的对错时，希望你能想想相对论里的那些不变量，最起码能统计一下双方各自的犯规次数。

\*\*\*

相对论总是提醒我们思想的局限性。亚里士多德认为静止是最自然的运动状态，牛顿认为匀速直线运动也是最自然的运动状态，而爱因斯坦说沿着测地线的任何运动都是最自然的运动状态。

我们难以接受相对论的结论，是因为我们从来都生活在一个低速的环境之中。那么，我们能不能举一反三，看看还有什么思想，是自身环境的产物呢？

比如你在乡村获得的经验，能适用于大城市吗？你在历史上获得的经验，能够适用于现在吗？

广义相对论告诉我们宇宙不是静态的，它曾经有一个开始，它至少曾经只有有限大。人们曾经以为，整个物质世界在时间上无始无终，在空间上也无边无际。这显然是一种亚里士多德式的论断，是原始的思维。

\*\*\*

相对论打开了一扇大门。爱因斯坦让世人深刻地意识到，现实可以和日常生活有如此巨大的差异。

自从有了相对论，物理学就从"反对日常直觉"，变成了"日常反直觉"。

哥德尔说时间的流逝是个幻觉，爱因斯坦并没有赞同，这个论断只能留待科学检验。但是爱因斯坦更反对量子力学，而量子力学现在已经是物理学家的常识。

也许只有到了连爱因斯坦都反对你的时候，你才算是学会了做爱因斯坦。

\*\*\*

**相对论还带给我们乐观的情绪。**也许现在有一个边远地区的孩子，从来都没进过城。他考上了大学，要去北京。他可能知道、也可能不知道，北京的生活和他家乡的生活完全不一样。他将来还会去世界各个地方，他会发现这个世界完全超出他的想象。

这个孩子会不会感到害怕？如果你学了相对论，我希望你告诉他别害怕。

这个世界跟我们想的非常不一样，我们的很多观念都错了，但是正像相对论所展示的那样，这个世界只比你想象的精彩和丰富得多，也会好得多——只要你愿意克服自己的偏见与无知。

　　爱因斯坦说："上帝是不可捉摸的，但并无恶意。"

***

　　假如未来发生什么大灾变

　　让世界重归黑暗

　　人们不再钻研科学

　　拜倒在虚幻的神和压迫的权力之下

　　被偏见和狂热蒙蔽

　　只看到眼前的计较和平庸的善恶

　　我希望至少你、我

　　我们这几个人还记得

　　这个世界曾经拥有过爱因斯坦

　　拥有过相对论

　　这个美丽的理论

图 42

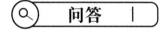

问答 |

**老欢：**

　　我有些担心，女儿看了相对论后，会不会对她的日常物理学习造成风中凌乱的感觉呢？

**郭强：**

　　万老师，你会告诉你的孩子，老师讲的"万有引力"是错的吗？最近跟着万老师学习相对论，感觉相对论的核心内容本质上不难理解，难的是我们对经典物理学根深蒂固的全盘接受。如果中学老师就讲相对论里关于"引力"的解释，学生们未必就听不懂。

**万维钢：**

在学习中风中凌乱，是一个难得的美好体验。整天按照清晰的规则操作没意思，当上级的命令和内心的道德发生冲突的时候，人才能成长……

但相对论是个很安全的知识，一般不会导致与老师的矛盾激化。老师在上面讲一个大众的版本，孩子坐在那里笑而不语，心中知道一个内部的版本，这难道不是一种令人愉悦的成就感吗？这种优越感也许就能刺激孩子更好学。

教科书是给所有人用的，可能大多数人对物理知识并没有那么大的好奇心。但是谁也没规定18岁以下的青年只能从教科书中获得知识，多方涉猎、量身定制、主动出击，也是读书人求知的本分。

我的孩子年龄太小，我没给他们讲物理。我倒是给我儿子找了一本课外的小学数学书让他学。那本书里有一个简便算法的公式，我儿子认为他的老师必定不知道那个公式。他把公式抄在卡片上，带到学校向老师炫耀——我没有阻止，老师也很配合，我儿子在数学上获得了一次"虚荣心"的满足。

**漆小洛：**

相对论是清朝末年被提出的，想到这里我不胜唏嘘。那么除了相对论，还有哪些是即使今天听说依然极其前卫的学问呢？

**万维钢：**

我小的时候看了很多关于外星人、远古文明、神秘现象的东西。对比小学教的知识，我感觉人类太渺小了，只有外星人的科技才厉害。现在想起来，我那时纯粹是坐井观天。

千万不要低估现代文明。启蒙运动以来的所有学问，都跟我们在日常生活中的认知非常不一样。科学只是一方面。现代学者研究的东西，包括"道德"这种古老的话题在内，都很前卫。

那为什么这些已经超过100年的学说还没有普及呢？为什么我们整天还在拿几千年之前的那一套眼光进行思考呢？这可能是因为我们还没有完成启蒙。人类中的先进分子发现新知识的速度，大大超过了人类整体的适应速度。

# 番外篇　详解双生子佯谬

我们专门用一篇文章把"双生子佯谬"彻底解释清楚，这些内容不影响你理解相对论的大局。我们不会用到什么特别的数学，但是推导过程有些烧脑，需要调用比较多的短期记忆力，所以这篇文章是专门献给爱钻研的读者的。

有些民间科学家认为双生子佯谬说明相对论是错的，有人认为必须学会广义相对论才能理解双生子佯谬，还有人用到"闵可夫斯基空间"里的"世界线"来解释双生子佯谬。

其实双生子佯谬一点都不神秘，它在相对论的教科书里是常规项目。我在这里用一个最直观的解释帮助你理解[1]。我们将会看到，双生子佯谬的确会涉及一点广义相对论，但是它本质上是个狭义相对论的效应。

我们先稍微做一点准备。

## 1 基础准备

我们要用到相对论的三个效应——

（1）运动的物体的时间会变慢；

（2）运动的物体的长度会收缩；

（3）"同时"是相对的。

除此之外，我还想再次强调一下"事件"这个概念。所谓事件，就是在特定的时间和地点发生的事情，它是一个非常本地化的东西。

比如我们面对面在一个地方相聚，这就是一个事件。事件是实实在在发生的，它是绝对的，不是相对的。哪怕我们是高速擦肩而过，只要在某个时刻我们的距离曾经非常近，那就可以迅速打个照面，就构成了一个事件。在这个事件中，你看我是多少岁、我看你是多少岁，都是清清楚楚的。不管是谁、在哪个坐标系里看这个事件里的你我，谁更年轻谁更老都是一目了然，没有任何异议。

但是，如果在这个相遇事件中，你告诉我你有一个兄弟在 5 光年以外的一个星球上工作，并告诉我他现在的年龄，那我可就不一定认同你的观点了。我与你构成一个事件，因为你就在我身边。我与你的兄弟，可不算构成事件。

如果你说你的兄弟今年 30 岁，那是在你的坐标系中你的看法。如果我与你之间存在相对运动，也许在我眼里他现在就不是 30 岁——因为你的"现在"，不等于我的"现在"。"现在"是个幻觉，"同时"是相对的。

有了这些理论准备，我们就可以仔细考察双生子佯谬了。

为了将这件事彻底讲明白，我们假定有兄妹三人，他们是三胞胎。妹妹一直待在地球上。哥哥坐着宇宙飞船从地球出发前往 A 星球，再从 A 星球回到地球。姐姐则一直待在 A 星球。

假设地球和 A 星球之间没有相对的运动，也就是说，A 星球对地球来说只不过就是个比较远的地方而已。那么，我们就可以建立一个让地球和 A 星球都静止的坐标系，显然在这个坐标系中妹妹和姐姐也是静止的——她们可以在这个坐标系里"同时"成长，年龄总是一样的。

我们假设在相对于妹妹静止的坐标系中，地球到 A 星球的距离是 20 光年，哥哥的飞船的速度是 $0.8c$。为了尽可能地去除广义相对论效应，我们假设哥哥一直保持高速，加速和减速都不需要花时间。

有了以上的限定条件，现在我们定义三个事件：

事件 1：哥哥和妹妹在地球告别；

事件 2：哥哥到达 A 星球和姐姐见面；

事件 3：哥哥回到地球和妹妹见面。

如果双生子佯谬没毛病，相对论没问题，那么这三个事件的当事人的年龄，就应该与兄妹二人所在的坐标系无关。

现在我们就考察一下，在两个坐标系中，三个事件发生时当事人的年龄。

## ② 妹妹的坐标系

在妹妹的坐标系中，她和姐姐是静止不动的，哥哥在做运动。地球到 A 星球的距离是 20 光年，哥哥的速度是 $0.8c$。（如图 43）

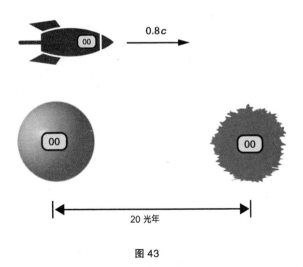

图 43

　　事件 1 发生的时候，哥哥和妹妹在一起，而姐姐又跟妹妹在同一个坐标系里互相静止，所以兄妹三人的年龄是一样的，简单起见我们干脆假设这时候他们都是 0 岁。

　　在妹妹看来，哥哥要飞行 25 年才能到达 A 星球。所以事件 2 发生的时候，妹妹和姐姐应该都是 25 岁。但是，因为哥哥在高速运动，他相对于妹妹的坐标系有个时间变慢的效应，所以他这时候应该只有 15 岁。[2]（如图 44）

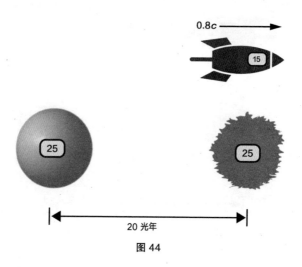

图 44

所以哥哥和姐姐一见面，他已经比姐姐年轻了 10 岁！你可能会问：为什么是哥哥比姐姐年轻？难道相对于哥哥，姐姐不也在做高速运动吗？这个问题我们后文再说，因为那是哥哥的坐标系里的事情。

等到事件 3，在妹妹的坐标系下，哥哥又要飞 25 年才能回到地球，所以这时候妹妹已经 50 岁了。而因为哥哥是高速运动的，他又有时间变慢的效应，他飞行这段距离还是只用了 15 年。哥哥这时候，是 30 岁。

哥哥飞了一圈，妹妹原地不动，结果哥哥比妹妹年轻了 20 年。

人们对双生子佯谬的全部质疑，就是在哥哥不动的坐标系里，妹妹不也相当于飞了一圈吗？为什么不是妹妹更年轻呢？

### ③ 哥哥的坐标系

在相对于哥哥静止的坐标系中，是哥哥的飞船静止不动,妹妹和从地球到 A 星球这段距离在以 0.8$c$ 的速度运动。既然这段距离在运动,它就有相对论长度收缩的效应,所以在哥哥的眼中,地球到 A 星球的距离不是 20 光年,而是 12 光年。(如图 45)

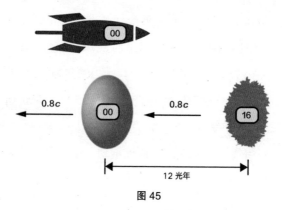

图 45

事件 1 发生的时候,哥哥和妹妹在一起,他们都是 0 岁。但是在哥哥的坐标系中,远在 A 星球的姐姐可不是 0 岁。

这是因为"同时"是相对的!在妹妹的坐标系中,妹妹和姐姐是同时长大的,但是在哥哥的坐标系中,姐姐会比妹妹先长大!在哥哥眼中,在发生事件 1 的时候,姐姐不是 0 岁,而是 16 岁。[3]

　　从事件 1 到事件 2，哥哥看到的是 12 光年的距离以 0.8*c* 的速度运动，应该用 15 年。所以事件 2 发生的时候，哥哥是 15 岁。

　　而既然现在是姐姐在高速运动，所以姐姐的时间会变慢，从事件 1 到事件 2，姐姐可没有用 15 年——她只用了 9 年！所以事件 2 发生的时候，姐姐是 16+9=25 岁。妹妹也用了 9 年，妹妹是 9 岁。

　　这就解决了前文的矛盾。在哥哥的坐标系里是姐姐的时间慢——但是，姐姐起步晚，所以还是哥哥比姐姐年轻！根本原因在于"同时"是相对的。不过，此时哥哥眼中，妹妹的确比哥哥年轻，她只有 9 岁。（如图 46）

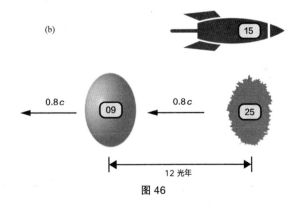

图 46

接下来，哥哥要掉头飞回地球。这里有个关键问题——哥哥掉头的过程中，他的坐标系会发生变化。

掉头之前，是"地球—A星球"相对于哥哥从右向左飞；掉头之后，是"地球—A星球"相对于哥哥从左向右飞。也就是说，一旦掉了头转换了坐标系，在哥哥眼中的妹妹就好像事件1时的姐姐一样，远方的妹妹会比眼前的姐姐大16岁。

既然姐姐是25岁，妹妹就应该是25+16=41岁。

从事件2到事件3，哥哥还是需要15年的时间，变成30岁。而高速运动的妹妹只需要9年的时间，变成41+9=50岁。

\*\*\*

我们看看这三个事件，不管是在妹妹还是哥哥的坐标系中，当事的两个人的年龄都是一样的——

事件1：哥哥0岁，妹妹0岁；

事件2：哥哥15岁，姐姐25岁；

事件3：哥哥30岁，妹妹50岁。

区别在于不在场的第三人的年龄——

事件 1：妹妹坐标系中姐姐 0 岁，哥哥坐标系中姐姐 16 岁；

事件 2：妹妹坐标系中妹妹 25 岁，哥哥坐标系中妹妹 9 岁；

事件 3：妹妹坐标系中姐姐 50 岁，哥哥坐标系中姐姐 25+9=34 岁。

在场的人构成事件，年龄都能对上；而不在场的人的年龄，因为"同时"是相对的，只能算观点。其实有关相对论的各种所谓的悖论，几乎都是因为同时是相对的。

为什么是哥哥比妹妹年轻，而不是妹妹比哥哥年轻？因为哥哥和妹妹的经历并不是等价的。妹妹一直都在做同一个匀速直线运动，而哥哥经历了两个不同方向的匀速直线运动。为此哥哥必须在 A 星球减速、掉头、再加速，这种经历妹妹没有。

我们应该好好体会一下哥哥在 A 星球的那次掉头。掉头之前哥哥还以为妹妹比自己年轻。在整个掉头过程中，哥哥和就在本地的姐姐都没有什么年龄变化，可是掉头之后，哥哥再看妹妹，感觉妹妹一下子就老了 32 岁！

　　这就是为什么去黑洞执行一次任务，回来就会发现别人都比你老得快——这就暗示了广义相对论。因为哥哥的这次调头是一次剧烈的加速运动，而加速运动等效于一个强引力场。哥哥相当于是处在一个大质量天体的表面，而妹妹相当于是站在高处看哥哥——妹妹感受到了引力红移。

我想知道上帝是如何创造这个世界的。对于这个或那个现象、这个或那个元素的谱，我不感兴趣。我想知道的是他的思想。其他都是细节问题。

——阿尔伯特·爱因斯坦

# 注释

## 光速啊，光速

[1] 图片来源：https://en.wikipedia.org/wiki/Albert_Einstein。

[2] 图片来源：https://www.wikiwand.com/en/Albert_Einstein。

## 刺激 1905

[1] 图片来源：https://en.wikipedia.org/wiki/Time_dilation。

[2] 同上。

## 穿越到未来

[1] 半衰期：放射性元素的原子核有半数发生衰变时所需要的时间。

[2]John S. Reid, Why We Believe in Special Relativity: Experimental Support for Einstein's Theory, https://spacetimecentre.org/vpetkov/courses/reid.html, March 21, 2019.

[3]David Morin, *Special Relativity: For the Enthusiastic Beginner*, Create Space Independent Publishing Platform, 2017. 该书中列举了双生子佯谬的五种计算方法。

## "现在"，是个幻觉

[1] 图片来源：http://www.wikiwand.com/en/Relativity_of_simultaneity。

[2]Richard Wolfson,*Simply Einstein:Relativity Demystified*,W.W.Norton&Company，2003.

[3] 图片来源：https://commons.wikimedia.org/wiki/File:World_line.svg#/media/File:World_line_(zh-hans).svg。

## 质量就是能量

[1] 当年费曼讲相对论讲到这里的时候说，学习狭义相对论，记住这一个公式就行了，这个公式代表了狭

义相对论对牛顿力学的所有修正。我们这里只讲了一个意会式的介绍，严格地说这个公式来自"动量守恒"的要求。

[2] 如果你学过高等数学，这个方法叫泰勒展开。实际的思想很简单，就是考虑速度比较低的情况下，质量公式是什么样子。

## 大尺度的美

[1] 图片来源：https://en.wikipedia.org/wiki/Great-circle_distance。

## 爱因斯坦不可能这么幸运

[1] 图片来源：https://commons.wikimedia.org/wiki/File:A_Horseshoe_Einstein_Ring_from_Hubble.JPG。

[2] 图片来源：https://www.spacetelescope.org/images/opo1208a/。

[3] 图片来源：https://www.spacetelescope.org/images/opo1726a/。

[4] 图片来源：https://commons.wikimedia.org/wiki/File:Einstein_cross.jpg。

## 黑洞边上的诗意

[1]Valerie Ross: Do Frequent Fliers Age More Slowly? , https://scienceline.org/2010/10/do-frequent-fliers-age-more-slowly/, October 20, 2019.

## 爱因斯坦的愿望

[1] 图片来源：https://map.gsfc.nasa.gov/universe/ uni_shape.html。Credit：NASA/WMAP Science Team。

## 番外篇　详解双生子佯谬

[1] 这里的详细计算过程参见 David Morin, *Special Relativity: For the Enthusiastic Beginner*，Create Space Independent Publishing Platform，2017。

所用的图片来自 Richard Wolfson, *Simply Einstein: Relativity Demystified*,W.W.Norton&Company，2003。

[2] 时间变慢和下面长度收缩的计算公式我们前面讲了。

[3] 这个 16 岁是如何计算的呢？如果你想将对相对论的掌握达到物理系学生的水平，可以查阅前面注释 [1] 中 David Morin 的书，计算公式是 $Lv/c^2$，其中 v=0.8，L=20。

**图书在版编目（CIP）数据**

相对论究竟是什么 / 万维钢著. --北京：新星出版社，2020.6
（2023.12重印）

ISBN 978-7-5133-4022-9

Ⅰ.①相…　Ⅱ.①万…　Ⅲ.①相对论－普及读物　Ⅳ.①O412.1-49

中国版本图书馆CIP数据核字（2020）第065354号

**相对论究竟是什么**

万维钢　著

**策划编辑**：白丽丽　卢荟羽
**责任编辑**：汪　欣
**营销编辑**：龙立恒 longliheng@luojilab.com
**封面设计**：李　岩
**版式设计**：靳　冉

**出版发行**：新星出版社
**出 版 人**：马汝军
**社　　址**：北京市西城区车公庄大街丙3号楼　100044
**网　　址**：www.newstarpress.com
**电　　话**：010-88310888
**传　　真**：010-65270449
**法律顾问**：北京市岳成律师事务所

**读者服务**：400-0526000　service@luojilab.com
**邮购地址**：北京市朝阳区华贸商务楼20号楼　100025

**印　　刷**：北京盛通印刷股份有限公司
**开　　本**：787mm×1092mm　1/32
**印　　张**：7.5
**字　　数**：108千字
**版　　次**：2020年6月第一版　2023年12月第二次印刷
**书　　号**：ISBN 978-7-5133-4022-9
**定　　价**：49.00元